Michael Böll

Die Himmelsstürmer

Band 1 –
Wie das Flugzeug die Unschuld verlor

Vielen Dank an Chris und Lilo für die Unterstützung.

Impressum

© Copyright 2016 Michael Böll, info@michaelboell.de, alle Rechte vorbehalten.

Das Werk ist urheberrechtlich geschützt. Jegliche weitere Verwertung ist nur mit der schriftlichen Zustimmung des Autors zulässig. Das gilt besonders für Vervielfältigungen, Übersetzungen und die digitale Verbreitung und Verarbeitung.

Alle Bilder sind entweder copyrightfrei, über Wikimedia Commons lizenziert oder gehören den Besitzern des Copyrights. Die Bildrechte sind im Kapitel „Bildnachweis" am Ende des Buches einzeln aufgeführt.

Satz, Umschlaggestaltung: MBMediaservice.de

Lektorat: Christiane Bowien-Böll

Verlag und Druck:
tredition GmbH
Halenreie 40-44
22359 Hamburg

ISBN 978-3-7469-4326-8

Inhalt

Vorwort	**7**
Frühgeschichte	**9**
Mythologie	9
Ikarus und Dädalus	10
Erste Forschungen	12
Leonardo da Vinci	12
Der Schneider von Ulm	14
Neuzeit	**16**
Leichter als Luft	16
Gebrüder Montgolfier	16
Professor Jacques Charles	20
Schwerer als Luft	23
Sir George Cayley	23
Otto Lilienthal	24
Leichter als Luft 2	30
Alberto Santos Dumont	30
Ferdinand Graf von Zeppelin	32
Erste Erfolge	41
Gustav Whitehead	42
Die Gebrüder Wright	45
Flugpioniere in Europa	60
Frankreich	60
Österreich	62
Deutschland	66
Karl Jatho	66
August Euler	67
Hans Grade	68
Großbritannien	68
Erstflüge	69
Louis Blériot	69

Geo Chávez	74
Roland Garros	78
Kriegsvorbereitungen	81
Krieg	**85**
Luftkrieg	87
Es ist angerichtet	93
Albatros D III, Abbildung	98
Die ersten Jagdflieger	99
Deutschland	99
Max Immelmann	99
Oswald Boelcke	102
Freiherr Manfred von Richthofen	105
Werner Voß	120
Ernst Udet	122
Frankreich	132
Charles Nungesser	132
Georges Guynemer	134
René Fonck	135
Großbritannien	137
Edward Corringham „Mick" Mannock	137
James McCudden	138
Kanada	139
William Avery „Billy" Bishop	139
USA	141
Edward Vernon „Eddie" Rickenbacker	141
Italien	142
Francesco Baracca	142
Anhang	**144**
Literaturnachweis	**144**
Bildnachweis	**145**

Vorwort

Wie kann das Flugzeug die Unschuld verlieren? Diese Frage lässt sich nur beantworten, wenn man sich näher mit der Entwicklung der Fliegerei und den Menschen dahinter, befasst. Die Schicksale dieser Menschen sollen hier im Vordergrund stehen. Was waren ihre Beweggründe? Was ist aus ihnen geworden? Warum waren sie wichtig für die Fliegerei?

Unschuldig waren die Menschen, die von der Fliegerei fasziniert waren und Hab und Gut, Leib und Leben daran setzten, um die Lüfte zu erobern. Nachdem man dem Geheimnis, warum ein Luftfahrzeug fliegen kann, auf die Spur gekommen war, entwickelte sich die Technik sehr schnell weiter. Überall auf der Welt wurde an der neuen Entdeckung gearbeitet. Und wie so oft wurde die gute Sache schließlich missbraucht und für Zwecke eingesetzt, von der sie ursprünglich nicht weiter hätte entfernt sein können: für das Töten von Menschen. Was als grandiose Erfüllung eines Menschheitstraums begonnen hatte, war Teil einer gnadenlosen Kriegsmaschinerie geworden. Das war das Ende der Unschuld der Fliegerei.

Dieses Buch zeigt anhand der Lebensläufe der Menschen, die das Flugzeug aus der Taufe gehoben oder weiterentwickelt haben, wie viele Opfer und Entbehrungen dafür nötig waren. Es zeigt aber auch die Entwicklung zum todbringenden Kriegsgerät.

Ja, das Wort vom „Krieg als Vater aller Dinge", hier scheint es sich einmal mehr zu bestätigen. In Kriegszeiten entwickelt die Menschheit ungeahnte Kräfte, um den Gegner mit noch weniger Aufwand in noch kürzerer Zeit, noch einfacher unschädlich zu machen. Der Erste Weltkrieg ist dafür ein gutes Beispiel. So wurde nicht nur die neue Erfindung Flugzeug zum Mordinstrument, es gab auch andere Tötungsmaschinen, die zu dieser Zeit „Premiere" hatten: das von Hiram Maxim erfundene Maschinengewehr; der Flammenwerfer; der Kampfpanzer; und schließlich auch die schrecklichste Erfindung dieser Zeit, das Giftgas.

Dieser Krieg ist ein besonders trauriges Beispiel für die Menschenverachtung, die Ignoranz und die Borniertheit der Militärs. Wie sonst ist zu erklären, dass man sich Strategien ausdachte, die man zynisch mit dem Wort „Abnutzungskrieg" umschrieb?

Das Problem war, dass die Generäle militärtaktisch im Grunde noch im Mittelalter lebten. Die Strategie bestand einfach darin, zwei bewaffnete Menschenmassen nach einer mehr oder weniger ausgeklügelten Taktik aufeinanderprallen zu lassen, auf dass sie sich gegenseitig mit Gewehr, Bajonett und Kanonen abschlachteten. Wenn dabei kein eindeutiges Ergebnis herauskam, dann begann man halt noch mal von vorne. Auf den Schlachtfeldern an der Westfront erstarrte der Krieg in den Schützengräben rund um Verdun und die schwer befestigten Panzerforts. Diese wechselten in kurzer Zeit mehrfach den Besitz und am Ende gab es auf beiden Seiten weder Geländegewinn noch -verlust. Den Preis bezahlte der einfache Soldat, durch millionenfaches Sterben.

Die Soldaten, die in den Gräben litten, nannten das nicht „Abnutzungskrieg" sondern „Blutmühle". Über das Grauen dieses Krieges kann man in vielen Büchern lesen, wie z. B. in Erich Maria Remarques „Im Westen nichts Neues" oder in Ernst Jüngers „In Stahlgewittern".

Welche Rolle das Flugzeug dabei spielte, erfahren wir im Verlauf dieses Buchs. Doch zuerst geht es hier um einen uralten Traum des Menschen: fliegen, sich aus eigener Kraft vom Boden erheben und frei wie ein Vogel die Lüfte erobern …

Frühgeschichte

Mythologie

Niemand weiß, wann und wie sich der Wunsch, fliegen zu können, zum ersten Mal geäußert hat. Waren schon die Urmenschen davon beseelt, als sie die Natur beobachteten und die Vögel beneideten, die sich scheinbar schwerelos am Himmel bewegten? Wie mag das flugtechnisch am besten ausgestattete Tier, die Libelle, auch Teufelsnadel genannt, auf diese Menschen gewirkt haben? Auf diese Fragen findet sich keine Antwort, da es außer Höhlenzeichnungen keine Überlieferungen gibt, die Rückschlüsse auf das Denken und Fühlen der Menschen zulassen. Als Fazit bleibt, dass die Menschheit schon sehr lange den Wunsch gehegt hat, es den Vögeln gleich zu tun, sich vom Boden zu lösen, sich in den Äther zu schwingen und frei und unangreifbar zu sein.

Im Lauf seiner Evolution suchte der Mensch immer wieder nach Erklärungen für scheinbar unerklärliche Naturphänomene. So entstanden Sagen und Mythen, voller Gottheiten und mythischer Wesen, die oftmals fliegen oder durch die Lüfte reisen konnten. In der indischen Mythologie kennt man den fliegenden göttlichen Streitwagen Vimana und Hanuman, einen Gott mit der Gestalt eines Affen, der auch fliegen

kann. In Südamerika verehrten die Azteken Quetzalcoatl, die gefiederte Schlange. Im nahen Osten, im alten Babylon, gab es viele Darstellungen von Löwen, Stieren oder Menschen mit Flügeln. Pazuzu war ein Dämon aus der babylonischen und assyrischen Mythologie. Er wurde mit dem Kopf eines Löwen, den Krallen eines Adlers, dem Schwanz eines Skorpions und mit vier Flügeln (auch die Libelle hat vier Flügel) dargestellt. In der griechischen Mythologie gab es den Götterboten Hermes, dessen Helm und Sandalen geflügelt waren. Phaeton, der Sohn des Sonnengottes Helios fuhr mit dem feurigen Sonnenwagen seines Vaters übers Firmament.

Ikarus und Dädalus

Das wohl bekannteste Beispiel geflügelter Wesen in der antiken Mythologie, ist jedoch die Geschichte von Dädalus und seinem Sohn Ikarus. Dädalus war im antiken Griechenland ein allgemein anerkannter Architekt, Steinmetz und Techniker, der mit seinem Sohn aus Athen fliehen musste, nachdem er aus Neid einen seiner Schüler getötet hatte. Sie fanden Asyl bei König Minos auf der Insel Kreta. Für Minos baute er den Tanzplatz der Ariadne und das Labyrinth des Minotaurus.

Allerdings beging er den Fehler, die schlüpfrigen Vorlieben von Minos' Gattin, Königin Pasiphaë, in Form einer obszönen Statue abzubilden. Dies erzürnte Minos so sehr, dass er Dädalus und Ikarus gefangen nahm und in das Labyrinth sperrte. Da saßen sie nun fest und hatten keine Aussicht auf Befreiung. Der Erfinder Dädalus fand dennoch eine Lösung: Er baute aus Wachs und Vogelfedern Flügel. Damit schwangen sich die beiden in die Lüfte und verließen Kreta in Richtung Festland. Dädalus warnte Ikarus vor dem Abflug noch, auf keinen Fall zu hoch zu fliegen, um nicht etwa die Götter herauszufordern, denen das Privileg des Fliegens vorbehalten war. Ikarus war aber so fasziniert von der neu erworbenen Freiheit, dass er die Warnungen seines Vaters buchstäblich in den Wind schlug und immer höher stieg, und es kam wie es Dädalus voraus gesehen hatte. Der göttliche Zorn brachte das Wachs der Flügel zum Schmelzen, sodass diese sich auflösten. Ikarus stürzte ins Meer und ertrank. Sein Vater konnte auf niedriger Höhe Sizilien erreichen und war in Sicherheit.

Solche und ähnliche Geschichten gab es reichlich in allen antiken Mythologien. In der Germanischen gab es zum Beispiel den listigen Loki, die Walküren oder Freya, die Frau Thors/Donars – allesamt Wesen, die fliegen konnten.

Wieland der Schmied, ein halbgöttliches Wesen baute sich, ähnlich wie Dädalus, Schwingen aus Metall. Später, im Mittelalter, wurden Frauen auf dem Scheiterhaufen verbrannt, da sie im Verdacht standen Hexen zu sein und, auf einem Besen reitend, durch die Lüfte zu fliegen.

Erste Forschungen

Leonardo da Vinci

Erst in der Renaissance gab es erste Bestrebungen, die Geheimnisse der Natur systematisch zu erforschen. Ein Universalgenie aus dieser Zeit ist wohl jedem bekannt: Leonardo da Vinci (1452–1519). Er war nicht nur ein begnadeter Maler, sondern auch Naturforscher. Er war der Erste, der den menschlichen Körper intensiv erforschte, indem er Leichname sezierte. Umso besser konnte er die Lebenden in seiner Malerei darstellen.

Aber auch Festungen und Kriegsgerät wurden von ihm entwickelt, wie zum Beispiel ein gepanzerter Wagen mit Kanonen, der von Pferden vorwärtsbewegt wurde, ein früher Vorläufer des Kampfpanzers. Die von ihm entwickelten Flugmodelle waren zwar allesamt nicht flugtauglich, aber die ingenieurwissenschaftliche Methodik war absolute Pionierarbeit, die erst Jahrhunderte später wiederentdeckt und gewürdigt wurde.

Leonardo da Vinci skizzierte auch den ersten Fallschirm, der sogar erfolgreich erprobt wurde. Vielleicht angeregt durch die archimedische Wasserschraube, ersann er ein Gerät, das man wohl als den allerersten Hubschrauber bezeichnen könnte. Das flugfähige Modell hatte die Form einer sich drehenden, aufsteigenden Schraube. „Wenn dieses Instrument, wie eine Schraube geformt, gut gemacht ist und mit Schnelligkeit in Drehung versetzt wird, wird es sich in die Luft hineinbohren und in die Höhe steigen", lautete da Vincis Kommentar zu seinem Drehflügler, aus dem 1784 die beiden Franzosen Launoa und Biénvenue ein beliebtes Kinderspielzeug der damaligen Zeit entwickelten.

Leonardo griff auch die Ikarus-Sage auf und entwickelte einen Schwingenflugapparat, der sich jedoch als völlig fluguntauglich erweisen sollte. Es heißt, sein Assistent, Zoroaster de Peretola, habe sich seinem Meister zuliebe, mit dem Flügelschlagapparat von einem Hausdach gestürzt, um dessen Flugfähigkeit zu beweisen. Der Apparat konnte jedoch nicht fliegen und stürzte ab. Zoroaster soll Glück im Unglück gehabt und überlebt haben.

1503 versuchte G. B. Danti, ein italienischer Gelehrter in Perugia, mit selbst gebauten Flügeln sein Glück. Das Fliegen gelang ihm damit nicht, aber auch er hat überlebt. Vier Jahre später wollte John Damian von der Mauer des Sterling Castle in Schottland mithilfe von Schwingen nach Frankreich fliegen, doch er kam nicht sehr weit. Die Strecke, die er abwärtsflog, war weiter als die Entfernung, die er von der Mauer zurücklegte. Außerdem brach er sich dabei ein Bein. Nach intensivem Nachdenken fand er schließlich den Fehler in seiner Konstruktion: Er hatte Federn von Hühnern verwendet anstatt von Adlern. Hühner waren schließlich „Vögel der Erde". Mit Adlerfedern hätte es bestimmt geklappt. Von weiteren Flugversuchen hat man allerdings nichts mehr gehört.

Dann gab es auch noch den Augsburger Schuhmacher Salomon Idler (1610–1669), der sich, so vermutet man, die Ideen Leonardos zu eigen gemacht hatte und ebenfalls einen Flügelschlagapparat baute. Er überlebte seinen Flugversuch, vier Hühner und die kleine Brücke auf der er unsanft landete, jedoch nicht.

Der Schneider von Ulm

Ein ähnliches Schicksal erlitt Ludwig Berblinger, besser bekannt als „Der Schneider von Ulm". Er konstruierte und testete erfolgreich seinen Flugapparat in den Jahren 1810 und 1811.

Die erste öffentliche Vorführung seines Hängegleiters fand jedoch unter widrigen Voraussetzungen und Windbedingungen statt. Er wollte eigentlich von der damals ca. 100 m hohen Baustelle des Ulmer Münsters starten, doch die Ulmer Honoratioren vertrauten seinen Flugkünsten nicht, so dass er von der nur 20 m hohen Adlerbastei an der Donau seine Vorführung absolvieren musste. Unter dem Druck der Obrigkeit und der zahlreichen Zuschauer startete er ohne ausreichende Vorbereitung, und ohne zu wissen, dass die Überquerung eines Flusses sehr ungünstig für einen Hängegleiter ist, da der Fluss keine ausreichende Thermik (Aufwind) erzeugt. Er geriet in einen Abwind und fiel unter dem Spott des Publikums mitsamt seinem Gleiter in die Donau. Zwar überlebte er die Aktion, doch der Misserfolg verfolgte ihn Zeit seines Lebens, und er starb 1829 völlig verarmt.

Keiner dieser „Vogelmenschen" hatte erkannt, dass der Mensch aufgrund der physischen Gegebenheiten seines Körpers, nicht für das Fliegen geschaffen ist. Die Körperkraft reicht nicht aus, die Knochen

1. Berblinger's unglückliches Unternehmen als Luftflieger in seiner Positur. 2. das Ufer der Donau, mit Zuschauer. 3. die glückliche Rettung des Luftfliegers, von den Fischern. 4. Ulm.

sind nicht hohl wie die von Vögeln, der Mensch ist nun einmal schwerer als Luft und sein Körper ist nicht aerodynamisch geformt, so dass er zu Hilfsmitteln greifen muss. Diesen Umstand haben die „Vogelmenschen" erkannt, aber sie verfügten nicht über Kenntnisse der Aerodynamik und die nötigen Materialien. Mit den heute zur Verfügung stehenden Verbundwerkstoffen ist es Menschen möglich, Fluggeräte zu bauen, die nur durch Körperkraft zu fliegen sind. So hat es ein Leistungssportler geschafft, mit einem durch Fahrradpedale angetriebenen ultraleichten Spezialflugzeug den Ärmelkanal zu überqueren. Das wäre mit den Mitteln, die den Flugpionieren zur Verfügung standen, nie möglich gewesen.

Neuzeit

Leichter als Luft

Die oben genannten Beispiele sind nur die bekanntesten dieser erfolglosen Flugversuche. Viele wurden gar nicht bekannt oder gerieten in Vergessenheit. Ein gutes Beispiel dafür ist der portugiesische Priester Bartolomeo Laurenzo de Gusmão. Er soll bereits im Jahre 1709 am Hof des portugiesischen Königs Johann V. eine Art Heißluftballon vorgeführt haben. Dieses Ereignis wurde sogar in einem kunstvollen Gemälde festgehalten. Trotz allem gerieten er und seine Versuche in Vergessenheit. Erst in den siebziger Jahren des 20. Jahrhunderts wurde de Gusmãos Erfindung untersucht und man musste feststellen, dass er der Erste war, der unbewusst das Prinzip „Leichter als Luft" entdeckt hatte.

Gebrüder Montgolfier

Im Jahr 1782 stellte sich Joseph-Michel Montgolfier im französischen Avignon ähnliche Fragen, wie de Gusmão viele Jahre zuvor. Er fragte sich, warum im Kamin Rauch, Ascheteilchen und Funken immer so stetig nach oben stiegen. Ein Gas musste dafür verantwortlich sein. Er beschloss, dieses „Gas" einzufangen, um es dann als treibende Kraft zu verwenden. Aber wie? Einen kleinen Denkfehler enthielt Joseph Montgolfier Schlussfolgerung, denn es war kein „neu entdecktes Gas" sondern die Luft, die durch die Erhitzung im Kamin leichter wurde als die Umgebungsluft und deshalb nach oben stieg. Fängt man nun solch erwärmte Luft in einem an der Unterseite offenen Behälter auf, kann sie nur nach unten entweichen und erzeugt so den Auftrieb.

Montgolfier wollte dieser Sache auf den Grund gehen, indem er aus einem alten Stück Taft (Kleiderstoff) einen kleinen Würfel zusammennähte. Eine Seite des Würfels blieb offen, so dass der Rauch hineinströmen konnte. Eine Zeitung wurde in Schnipsel gerissen und auf einem Teller angezündet, dann der Stoffwürfel darübergehalten,

und siehe da, der Würfel füllte sich, wurde prall und stieg bis an die Zimmerdecke. Kurze Zeit später, die Luft hatte sich abgekühlt, wurde er wieder so schwer, wie die umgebende Luft und sank zu Boden. Im Freien stieg Montgolfiers Stoffwürfel sogar bis auf 20 Meter Höhe. Diese Entdeckung faszinierte ihn so sehr, dass er ein Telegramm an seinen Bruder Étienne schickte und ihn bat, Taft und Schnüre in großer Menge zu besorgen, um das „neue Gas" ausgiebig zu testen.

Er reiste zu seinem Bruder nach Annonay in der Nähe von Paris und gemeinsam begannen sie die neue Entdeckung weiterzuentwickeln. Aus den kleinen Stoffwürfeln wurden große, runde Gebilde. Manchmal wurden diese auch ein Opfer des Feuers, das eigentlich für den Auftrieb sorgen sollte. Auch experimentierten die Brüder mit verschiedenen Stoffen für die Hülle, wie Seide, Papier oder Leinwand. Die geheimen Testflüge erreichten schließlich Flughöhen von geschätzten 300 Metern über Strecken (dank des Windes) von bis zu 1500 Metern. Die Brüder waren zufrieden und entschieden sich zu einer öffentlichen Vorführung.

Die Vorführung wurde für den 4. Juni 1783 auf dem Marktplatz von Annonay anberaumt. Natürlich fand sich ein großes Publikum ein. Unter einem Ballon, den die Brüder Montgolfier Ballon, aus Leinwand und Papier gefertigt hatten, wurde ein großes Strohfeuer angefacht. Das Feuer erhitzte die Luft und unter dem Jubel des staunenden Publikums erhob sich der Ballon in die Lüfte. Die Überraschung war gelungen. Die Menschenmenge, die mehr als tausende Köpfe zählte, schaute begeistert zu, wie der Ballon immer weiter stieg und in den Wolken verschwand, um nach kurzer Zeit wieder sichtbar zu werden und hinter den Giebeln der Stadt unversehrt zu Boden zu sinken. Der erste öffentliche Test war gelungen.

Die Académie Française zeigte den Montgolfiers aber die kalte Schulter und gab ihre Fördergelder an einen jungen Physiker, Professor Jacques Alexandre César Charles. Dieser glaubte nicht an ein neues Gas. Als Physiker war ihm bewusst dass das neue Gas buchstäblich nur heiße Luft war, die nach oben steigt. Diese Erkenntnis und das Wissen, dass heiße Luft schnell wieder erkaltet, regten seinen Ehrgeiz an. Außerdem wusste er von den neuesten Forschungsergebnissen von Henry Cavendish, der den Wasserstoff entdeckt hatte.

Die Montgolfiers arbeiteten indessen unbeirrt weiter an der Vervollkommnung ihres Aerostaten. Sie erhielten sogar eine Einladung von König Ludwig XVI. und Marie Antoinette, ihre „aerostatischen Maschinen" bei Hof vorzuführen. Für diese Veranstaltung bauten sie einen neuen Ballon, da der in Annonay vorgeführte vom Regen beschädigt worden war. Innerhalb von nur vier Tagen fertigten sie einen neuen Ballon an. Eine Neuerung an diesem Ballon war ein an der Unterseite befestigter Käfig, in dem ein Schaf, ein Hahn und eine Ente die Ehre hatten, als allererste Flugpassagiere zu reisen. Mit Bravour absolvierte die Montgolfiere ihren ersten Passagierflug, und das vor den Augen des Königs, was den Montgolfiers nicht nur Ruhm und Ehre einbrachte, sondern auch den St.-Michaels-Orden. Seit dieser Zeit werden Heißluftballons auch Montgolfieren genannt.

Der nächste Versuch sollte natürlich den ersten Menschen in die Höhe tragen. Dafür stellte König Ludwig XVI zum Tode verurteilte Strafgefangene als Testpersonen in Aussicht. Ein Unterstützer der Montgolfiers, Jean-François Pilâtre de Rozier, wollte diese Ehre aber nicht „ehrlosen" Strafgefangenen überlassen und stellte sich selbst zur Verfügung. So wurde er zum ersten Menschen, der mit einer Montgolfiere aufstieg. Am 15. Oktober 1783 gelangte er in einem angeleinten Ballon in eine Höhe von 26 Meter und blieb viereinhalb Minuten in der Luft. Nach weiteren erfolgreichen Aufstiegen dieser Art unternahm Pilâtre de Rozier zusammen mit dem Marquis d'Arlandes am 21. November 1783 den ersten Freiflug. Sie blieben 25 Minuten in der Luft und landeten wohlbehalten östlich von Paris.

Damit hatte sich der Heißluftballon seinen Platz in der Aviatik gesichert und das Konzept der Gebrüder Montgolfiers hat sich bis heute gehalten. Heute wird kein offenes Feuer mehr benötigt. Mit modernen Gasbrennern kann man für längere Zeit die Luft anheizen und dadurch die Flugzeiten ausdehnen, was man im Sommer sehr gut am Himmel beobachten kann.

Professor Jacques Charles

Der Konkurrent der Montgolfiers, Professor Charles, forschte mit dem von Henry Cavendish entdeckten Wasserstoff weiter. Diesen hielt er für das bessere, ja ideale, Gas, um einen Ballon zu befüllen. Der gravierende Unterschied der beiden Konzepte bestand darin, dass der Wasserstoff an sich leichter als Luft ist, also kein offenes Feuer nötig ist, um Auftrieb zu erzeugen. Wasserstoff ist aber auch leicht entzündlich und birgt immer die Gefahr einer Explosion.

Charles machte sich noch eine weitere neue Entdeckung zu eigen. Es hatten nämlich die Brüder Robert ein Verfahren entwickelt, mit dem man Seide mit einer Gummilösung beschichten konnte, die die Seide gasundurchlässig machte. Er fertigte nun eine Ballonhülle an, die einen Durchmesser von ca. vier Metern hatte und 620 Kubikmeter Wasserstoff fasste. Die Gasfüllung machte noch Probleme, da Wasserstoff damals noch nicht industriell hergestellt wurde.

Doch auch diese Schwierigkeit löste Charles, und am 26. August 1783 war es soweit, dass die erste „Charliere" aufsteigen konnte. Nach einer Stunde Flugdauer landete der unbemannte Ballon wieder unbeschädigt am Boden. Leider hatte Charles nicht so viel Glück mit seinem Publikum wie die Montgolfiers. Erschrockene Bauern, die noch nichts von Aerostaten gehört hatten, zerstörten, mit Dreschflegeln und Mistgabeln bewaffnet, das „Ungeheuer", das vom Himmel über sie gekommen war.

Einer der geneigteren Zuschauer war der amerikanische Wissenschaftler und Diplomat Benjamin Franklin, der auf die an ihn gestellte Frage nach dem Sinn eines solchen Ballons geantwortet hat: „Welchen Sinn hat wohl ein neugeborenes Kind?"

Am 1. Dezember 1783 unternahm Professor Charles zusammen mit einem der Brüder Robert einen ersten erfolgreichen bemannten Flug eines mit Wasserstoff gefüllten Ballons. Dabei erkannte er Fehler in seiner Konstruktion. Zum Beispiel stellte sich heraus, dass ein Ventil vonnöten war, durch das eine gewisse Menge Gas ausströmen kann. Der erste Ballon, den die Bauern zerstört hatten, war nämlich gelandet, weil das Gas die Hülle zum Platzen gebracht hatte. Seitdem verfügen

Gasballone über Ventile, um Gas abzulassen, damit der Ballon sinken kann. Es wurden auch Sandsäcke mitgeführt, um durch Abwerfen derselben Gewicht zu verlieren, sodass der Ballon wieder steigen konnte.

Dieser Erfolg von Professor Charles sorgte nun für einen Wettkampf zwischen beiden Ballonprinzipien, der nie endgültig entschieden wurde, da bis zum heutigen Tag beide Leichter-als-Luft-Konzepte zum Einsatz kommen.

Der erste Passagier der Montgolfiers, Pilâtre de Rozier, schuf noch eine dritte Ballongattung, die Roziere. Hierbei sind die beiden Systeme, das der Montgolfiers und das des Herrn Charles, vereint. Diese Art von Ballon, wird heutzutage gerne von Wissenschaftlern genutzt, da man mit einer Roziere wochenlang fahren kann. Mit einer Chariere kann man einen Tag unterwegs sein, mit einer Montgolfiere nur ein paar Stunden. Der Schweizer Bertrand Piccard nutzte zum Beispiel eine Roziere für seine Weltumrundung im Jahr 1999.

Der große Nachteil aller Ballonsysteme ist, dass der Ballonfahrer nicht die Richtung bestimmen kann, in die er fährt. Er ist dem Wind ausgeliefert. Der Ballon fliegt – die Ballonfahrer sagen fährt – nur in die Richtung, in die der Wind bläst. So kann bei einem Aufstieg niemand genau sagen, wo er landen wird. Dieses Problem regte andere dazu an, einen lenkbaren Ballon zu konstruieren, was schließlich zur Erfindung des Luftschiffs führte, heute umgangssprachlich Zeppelin genannt.

Letzteres ist eigentlich nicht korrekt, denn Graf von Zeppelin hat zwar erfolgreich Luftschiffe gebaut und weiterentwickelt, erfunden hat er sie jedoch nicht.

Schwerer als Luft

Betrachten wir nun die andere Art des Fliegens: das Schwerer-als-Luft-Prinzip, das auf den theoretischen Ansätzen Leonardo da Vincis basiert. Während beim Leichter-als-Luft-Prinzip sich durch das in den Ballon eingefüllte Gas (bzw. die erhitzte Luft) das spezifische Gewicht des Luftfahrzeugs ändert, verändert sich beim Schwerer-als-Luft-System gar nichts. Der Auftrieb wird allein durch die Bauweise der Tragflächen erzeugt. Der Erste, der hier nennenswerte Erkenntnisse und Erfolge zu verzeichnen hatte, war der Brite Sir George Cayley (1773–1857).

Sir George Cayley

Cayley bastelte Hubschraubermodelle, studierte den Vogelflug und entwickelte theoretisch bereits das Konzept des modernen Flugzeugs. Er verfügte zu dieser Zeit aber nicht über die technischen Voraussetzungen, um seine Ideen in der Realität so umzusetzen, dass wirklich ein funktionierendes Fluggerät entstand. Immerhin schuf er mit seinem Wirken und seinen Aufzeichnungen die Basis für eine erfolgreiche Weiterentwicklung. Zu Recht trägt er den Namen „Vater der Aeronautik".

1804 erprobte er ein Gleiter-Modell, konnte jedoch, in Ermangelung eines Windkanals, nur am kreisenden Arm ausprobieren wie der Fahrtwind auf dieses Modell wirkte. Er schoss mit Flossen versehene Projektile aufs Meer hinaus, um deren Flug zu beobachten. Er entwarf einen Wagen mit starren Flügeln, die an den Außenkanten in Schlagflügeln endeten.

1807 arbeitete er an Heißluft- und Schießpulver-Motoren, auch das eine absolute Pionierleistung, an die sich noch niemand zuvor gewagt hatte. Er entwarf Flugzeuge, die sich mit Schaufeln oder Radflügeln bewegen sollten, doch es sollten nur Entwürfe bleiben. Seine einzige praktische Arbeit war die Konstruktion eines Hängegleiters, der zum Starten von mehreren Personen an einem Seil gezogen wurde und mit dem er selbst, und danach auch ein zehnjähriger Junge, mehrere Meter weit durch die Luft glitt.

Auf Cayley folgten noch andere, wie William Samuel Henson (1812–1888), Félix de Temple (1823–1890), Alexander Mozhaiski (1825–1890), Clément Ader (1841–1925) oder auch der Erfinder des Maschinengewehrs, Sir Hiram Maxim (1840–1916). Sie alle bauten mehr oder minder erfolgreiche Flugapparate, die sich mühsam geradeso von der Erdoberfläche lösten. Fliegen konnte man das aber noch nicht nennen. Es fehlte an den grundsätzlichen Erkenntnissen darüber, wie Flügel beschaffen sein müssen, und es waren noch keine leichtgewichtigen Motoren in Aussicht, die genügend Kraft lieferten, um das Schwerer-als-Luft-Prinzip umzusetzen. Auch das Problem der Steuerung während des Fluges konnte aus diesen Gründen bei den oben genannten Fehlversuchen noch nicht erforscht werden.

Otto Lilienthal

Einen großen Beitrag zur Entwicklung der Luftfahrt leistete Otto Lilienthal (1848–1896), der zusammen mit seinem Bruder Gustav dem Schwerer-als-Luft-Prinzip zum Durchbruch verhalf. Er studierte in seiner preußischen Heimat nicht nur den Bewegungsablauf fliegender Störche, sondern er untersuchte auch, anhand von verendeten Exemplaren dieser großen Vögel, die Beschaffenheit ihrer Flügel. Die Störche waren deshalb so interessant für ihn, weil er sie stundenlang beim Kreisen am Himmel beobachten konnte. Er sah, wie die Tiere ihre Schwingen einsetzten, um die Thermik (aufsteigende Warmluft vom Erdboden) zu nutzen, und dadurch wieder an Höhe gewannen. Seine experimentellen Arbeiten bilden die Basis der bis heute gültigen physikalischen Beschreibung der Tragflächen von Flugzeugen.

Otto Lilienthal erkannte richtig, dass Tragflächen gewölbt sein müssen. Infolge dieser Wölbung muss der Luftstrom über der Tragfläche einen weiteren Weg gehen als unter der Tragfläche. Dieser Umstand bewirkt eine Druckblase vor der Flügelvorderkante, einen Sog über der Fläche und einen Unterdruck unter der Fläche, so entsteht der Auftrieb, der das Fluggerät steigen lässt.

Die Eltern von Otto und Gustav Lilienthal ermöglichten ihren Kindern eine gute Ausbildung. So besuchte Otto die Potsdamer Provinzialgewerbeschule und begann später ein Studium an der Gewerbeakademie in Berlin. Danach nahm er als Freiwilliger am Deutsch-Französischen Krieg 1870/71 teil, wo er die erste Luftbrücke beobach-

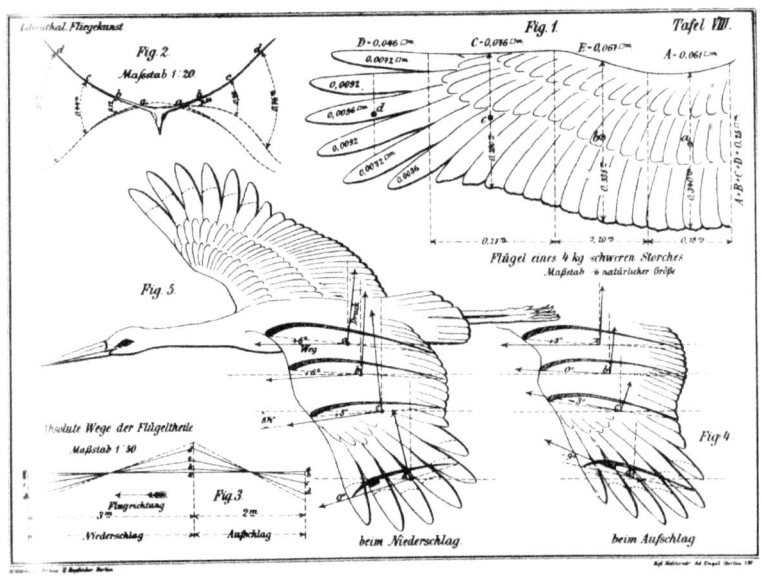

ten konnte. Diese bestand aus Gasballons, die bei günstigem Wind die einzige Verbindung der belagerten Stadt Paris zum Umland darstellten. Wieder zu Hause in Anklam gelang es Lilienthal nach kleineren geschäftlichen Rückschlägen, durch die Erfindung eines Kleinmotors auf Dampfmaschinenbasis eine kleine Fabrikation in Gang zu bringen und Geld zu verdienen.

Dies ermöglichte ihm und seinem Bruder, ihre früheren Versuche mit Flugapparaten fortzusetzen. Zuerst probierten sie mit Flügelschlagapparaten ihr Glück. Otto musste aber einsehen, dass sein theoretisches Wissen noch immer nicht ausreichte, und wandte sich deshalb dem Hängegleiter zu. Hier brachte er sein Wissen um die richtige Konstruktion von Tragflächen ein, die er sich bei seinen Studien des Vogelflugs angeeignet hatte. 1891 war es dann soweit, er konstruierte seinen ersten Hängegleiter, die Krönung einer langwierigen Entwicklung, die mit Drachen begonnen hatte. Bis 1896 entwickelte er fünf weitere jeweils durch neu gewonnene Erkenntnisse perfektionierte Gleiter, er baute sogar schon Doppeldecker. Seine Gleiter wurden auch tatsächlich nachgefragt. Mindestens neun „Normalsegelapparate" wurden ab 1894 verkauft. Somit war Lilienthal, der erste Hersteller eines Serienflugzeugs.

Ab 1893 absolvierte er erfolgreiche Flüge, die ihn bis zu 230 Meter weit trugen. 1895 konstruierte er mithilfe eines Gurts eine Verbindung zwischen seinem Körper und dem Höhenruder im Heck. So konnte er durch entsprechende Körperbewegungen während des Fluges die Querachse kontrollieren und auch den Schwerpunkt verlagern.

Die Flugversuche, die er anfangs von einem Sprungbrett aus vorgenommen hatte, verlegte Lilienthal später in die Rhinower Berge. Dort startete er von einem Hügel, auf dem er auch Anlauf nehmen konnte, um eine gewisse Startgeschwindigkeit zu erreichen. Später verlegte er sein Testgelände nach Berlin Lichterfelde auf einen künstlichen Hügel, den Fliegeberg. Heute steht dort das Lilienthal-Denkmal.

Lilienthals Gleiter waren so konstruiert, dass der „Pilot" nach dem Start, gestützt auf seine Arme, frei in dem Gleiter hing. So konnte er Beine und Unterkörper einsetzen, um durch Gewichtsverlagerung die Flugrichtung zu ändern. Die einzige Steuermöglichkeit bestand also in Gewichtsverlagerung durch Bewegungen des eigenen Körpers.

Am 9. August 1896 ist Otto Lilienthal mit seinem Bruder Gustav und dem Mechaniker Gustav Beylich wieder in den Rhinower Bergen. Es ist ein windiger Tag, der Wind bläst mit wechselnder Stärke, doch für Lilienthal sei das kein Problem, da er nach eigener Aussage schon bei noch stärkerem Wind geflogen sei. Als er dann nachmittags, kurz nach fünfzehn Uhr zu seinem vierten Flug startet, passiert es. Nach Augenzeugenberichten scheint der Gleiter plötzlich in der Luft stillzustehen. Lilienthal rudert verzweifelt mit den Beinen, um das Fluggerät wieder in seine Gewalt zu bringen, was ihm aber nicht gelingt. Der Gleiter kippt nach vorn, stürzt aus 15 Meter Höhe ab und schlägt hart auf der Erde auf. Schwer verletzt wird Lilienthal mit dem Pferdefuhrwerk in den nächsten Ort gebracht, um von dort mit der Eisenbahn nach Berlin transportiert zu werden. Beim Transport verliert er das Bewusstsein und erlangt es auch später nicht wieder. Die letzten Worte an seinen Bruder sind: „Opfer müssen gebracht werden." Lilienthal hat leider nicht das Glück, das andere vor ihm hatten. Er stirbt am 10. August in der Berliner Universitätsklinik wegen eines gebrochenen dritten Rückenwirbels. Neuere Forschungen lassen eher auf eine Hirnblutung schließen. Tragisch ist, dass Lilienthal eigentlich an diesem Tag seine Gleitfliegerei beenden wollte, um sich danach voll und ganz dem Thema Motorflug zu widmen.

Die Ursache des Absturzes war ein Luftloch, auch Sonnenböe genannt. Diese löste während des Fluges einen Strömungsabriss aus, so dass keine Luft mehr über den Tragflächen fließen konnte und kein Auftrieb mehr vorhanden war. Genau dasselbe passiert, wenn das Fluggerät zu stark nach oben gezogen wird. Die Luft kann, bedingt durch den zu steilen Anstellwinkel, nicht mehr über die Tragfläche strömen, der Auftrieb bleibt aus, der Flügel trägt nicht mehr und das Flugzeug stürzt ab.

Lilienthal wollte immer weitere Strecken zurücklegen, deshalb stellte er seine Tragflächen an, um erst einmal an Höhe zu gewinnen, um dann im Sinkflug eine möglichst lange Strecke gleiten zu können. Diese Methode, zusammen mit dem Luftloch, führten zu dem, was man heute allgemein als „Strömungsabriss" oder in der internationalen Fliegersprache englisch mit „Stall" bezeichnet. Da Lilienthal nicht über Motorkraft und moderne Steuerflächen verfügte, war der Absturz unvermeidlich.

Was aber von Lilienthal blieb, sind seine Erkenntnisse über die Aerodynamik und seine Flugversuche. Seine Aufzeichnungen darüber wurden in seinem am 5. Dezember 1889 erschienenen Buch „Der Vogelflug als Grundlage der Fliegekunst" veröffentlicht. Dieses Buch gilt als wichtigste flugtechnische Veröffentlichung des 19. Jahrhunderts. Es gipfelte in der Erkenntnis: „Die Nachahmung des Segelflugs muss auch dem Menschen möglich sein, da er nur ein geschicktes Steuern erfordert, wozu die Kraft des Menschen völlig ausreicht." In seinem Buch favorisierte Lilienthal das Schwerer-als-Luft-Prinzip gegenüber der Weiterentwicklung von Ballon und Luftschiff. Letzteres bezeichnete er sogar als Irrweg.

Lilienthals Buch war kein kommerzieller Erfolg, aber viele „Aviatiker" wurden davon inspiriert. So erzeugte es einen regelrechten Innovationsschub, der sich in vielen Projekten auf der ganzen Welt niederschlug. In Europa – hier war Frankreich an erster Stelle – und in den Vereinigten Staaten schossen vielversprechende Projekte wie Pilze aus dem Boden. Dahinter standen engagierte Menschen, von denen sich manche das Geld für ihre Entwicklungen vom Mund absparen mussten, aber auch andere, die es sich durchaus leisten konnten, am Fortschritt mitzuarbeiten.

Leichter als Luft 2

Nun wird es Zeit, ein weiteres Kapitel des Leichter-als-Luft-Prinzips näher zu beleuchten: die Entwicklung des lenkbaren Luftschiffs. Die ballonförmigen Montgolfieren und Charlieren wurden aerodynamischer und nahmen die Form von Zigarren an. Sie wurden auch mit den verschiedensten zu der Zeit verfügbaren Motoren ausgestattet. Paddel, Schaufelräder oder Propeller, sorgten für den Vortrieb. Die Flugpioniere waren meist gut betucht, wie die Montgolfiers, deren Vater eine Papierfabrik besaß, oder hatten wie Prof. Charles das Glück, von offizieller Seite gefördert zu werden. Allen gemeinsam aber war ein unbändiger Enthusiasmus und der unbedingte Wille, ihre Ideen und Erkenntnisse in die Tat umzusetzen.

Sehr erfolgreich war Henri Giffard, der das erste teillenkbare Luftschiff schuf, ein Prallluftschiff, zigarrenförmig, mit spitzen Enden. Es war 44 Meter lang, bei zwölf Metern Durchmesser und hatte eine Dampfmaschine mit drei Pferdestärken, die eine dreiflügelige Luftschraube antrieb. Am 24. September 1852 flog er vom Pariser Hippodrome nach Trappes, wobei er eine Strecke von 28 Kilometern zurücklegte.

Alberto Santos Dumont

Santos Dumont war der Sohn eines reichen Kaffeeplantagenbesitzers aus Brasilien und begeisterter Ballonfahrer. Ohne ihn kann die Geschichte des lenkbaren Luftschiffs nicht erzählt werden. Er rüstete seine Charlieren mit einem Antrieb aus und änderte die Form der Ballonhülle. Er baute mehrere lenkbare Luftschiffe, das erste 1898. Mit Luftschiff Nr. 6 bewältigte er am 19. Oktober 1901 die Strecke von St. Cloud zum Eiffelturm und zurück in weniger als 30 Minuten und heimste den Preis von 125000 Francs

ein. Er war absolut fasziniert von Ballons und Luftschiffen. Einmal flog er über die Champs-Élysées und landete kurzerhand, um einen Kaffee zu trinken. Danach bestieg er wieder den Fahrradsattel, der als Pilotensitz diente, und flog weiter. Auch seine Besuche im Pariser Aero-Club erfolgten per Luftschiff, das er dann vor dem Gebäude parkte und festband.

Mit der Erfindung des Gasmotors und der Entwicklung von Steuerflächen gab es nun auch beim Luftschiff Steuermöglichkeiten, die auch der zukünftigen Entwicklung der Fliegerei zugute kommen sollten.

In England und den USA hatte zu dieser Zeit niemand Interesse an lenkbaren Luftschiffen. In Deutschland gab es die Herren Parseval, Schütte und Lanz sowie den Grafen Zeppelin, die alle mit Luftschiffen experimentierten. Dass Frankreich in dieser Zeit die führende Rolle in der Luftfahrtforschung innehatte, bewiesen 1884 Charles Renard und Arthur Krebs mit ihrem voll lenkbaren Luftschiff La France. Mit einer Länge von fast 52 Metern und einem 9-PS-Elektromotor erreichten sie eine Geschwindigkeit von nahezu 20 Kilometern pro Stunde.

Ferdinand Graf von Zeppelin

Von Alberto Santos Dumont werden wir später noch mehr hören, denn mit dem lenkbaren Luftschiff hatte sein Schaffen noch kein Ende.

Am 2. Juli 1900 hob ein anderes, lenkbares Luftschiff vom Boden bzw. vom Wasser ab, das die Wahrnehmung der Fliegerei prägen sollte: der erste Zeppelin.

Graf von Zeppelin (1838–1917), in Konstanz geboren und aufgewachsen, diente nach der Kriegsschule Ludwigsburg bei der Kavallerie. Ab 1863 nahm er als Freiwilliger am amerikanischen Bürgerkrieg aufseiten der Nordstaaten als Beobachter teil. Hier sah er zum ersten Mal Ballone in militärischem Einsatz und konnte sogar bei einem Aufstieg dabei sein. 1864 kehrte er nach Deutschland zurück und wurde Adjutant des Königs von Württemberg. Im Deutsch-Französischen Krieg 1870/71 fiel er durch verwegene Aktionen hinter den feindlichen Linien positiv auf. Auch in diesem Krieg konnte er Ballone beobachten. Im Jahre 1874 hörte er einen Vortrag von Generalluftpostmeister Heinrich Stephan zum Thema „Weltpost und Luftschifffahrt". Er war fasziniert von dem Gedanken, mit Luftschiffen über Ozeane hinweg zu reisen, Post zu befördern und Handel zu treiben. Der Gedanke, ein Starrluftschiff zu konstruieren, ließ ihn nicht mehr los. Von Zeppelin war mit seinen Plänen der Zeit voraus. Er stellte sich eine Reihe von Einzelluftschiffen vor, die wie Eisenbahnwaggons aneinander zu koppeln wären.

Gemeinsam mit Diplomingenieur Th. Kober begann er mit der Planung eines starren Luftschiffs. Inzwischen war er zum General befördert, machte sich jedoch beim Kaiser unbeliebt. 1890 schied er, nicht ganz freiwillig, vorzeitig aus dem Militärdienst aus. Danach konzentrierte er sich auf den Bau seines Luftschiffs. Am 31. August 1895 erhielt er das Patent Nummer 98 580 für ein „lenkbares Luftfahrzeug mit mehreren hintereinander angeordneten Tragkörpern", also für ein Luftschiff, das in mehrere Abteilungen unterteilt war. Diese Abteilungen bestanden aus mehreren jeweils in einem Metallrahmen aufgehängten Gastanks, die unabhängig voneinander mit Gas befüllt wurden. Das Ganze wurde dann mit einer Außenhülle überzogen und erhielt somit eine aerodynamische, windschlüpfige Form. Auch über Antrieb und Steuerung verfügte das Luftschiff.

Diese Form des Luftschiffs nennt man Starrluftschiff, da es über ein starres Gerüst verfügt, in dem die Tanks für das Auftrieb gebence Gas fest untergebracht sind. Der Antrieb und die Steuerung sind ebenfalls an diesem Gerüst befestigt. Weitere Typen sind das halbstarre Luftschiff und das Prallluftschiff.

Beim Prallluftschiff, das auch als Blimp bezeichnet wird, ist die zigarrenförmige Hülle mit einem Traggas (Helium) aufgepumpt und somit leichter als Luft. Die Hülle muss ständig unter Druck stehen, damit die Außenhaut prall bleibt. Das Luftschiff ist nur mit praller Hülle voll manövrierfähig und stabil.

Da sich das Traggas durch Temperatureinflüsse von außen ausdehnt oder schrumpft, werden im Inneren der Hülle mit Luft gefüllte Säcke, sogenannte Ballonets, mitgeführt. Diese Ballonets sorgen dafür, dass die Hülle prall bleibt. Sollte sich das Traggas durch Erwärmung ausdehnen, würde die Hülle durch den entstehenden Überdruck platzen. Um dem entgegenzuwirken, wird dann Luft aus den Ballonets abgelassen, diese werden kleiner und der Druck dadurch wieder ausgeglichen, die Hülle entspannt sich. Schrumpft das Gas durch Kälte, werden die Ballonets aufgeblasen und somit dicker, sorgen also dafür, dass die Hülle, die sonst schlaff werden würde, prall bleibt.

Hört sich kompliziert an, funktioniert aber sehr gut, wie man ab und zu im Sommer am Himmel beobachten kann, wenn „Werbezeppeline" ihre Runden drehen. Der Antrieb in Form von zwei schwenkbaren Propellermotoren ist meist an den Außenseiten der Steuergondel am Bauch des Luftschiffs angebracht und ist auch für das Aufsteigen und Landen zuständig. Jeder, der mal einen Werbezeppelin gesehen hat, hat also einen Blimp oder Prallluftschiff gesehen. Der Zeppelin NT, den man oft über dem Bodensee fliegen sieht, ist hingegen ein halbstarres Luftschiff, welches im Inneren über ein Teilgerüst verfügt; im Gegensatz zu den Luftschiffen, die der Graf entwickelte und die über ein komplettes Innengerüst verfügten.

Für den Graf von Zeppelin folgten lange Jahre harter Entwicklungsarbeit. Er wurde sogar bei seinem alten Arbeitgeber, dem Militär, vorstellig, da er in seinem Luftschiff auch militärisches Potential sah. Dort zeigte man aber kein Interesse. Im Gegenteil, der Graf war von militärischer Seite vielen Anfeindungen und persönlichen Beleidi-

gungen ausgesetzt. Selbst Kaiser Wilhelm II. sprach von ihm als dem „Dümmsten aller Süddeutschen". Trotzdem gründete Graf von Zeppelin die Gesellschaft zur Förderung der Luftschifffahrt. Das Aktienkapital betrug 800 000 Mark, nur die Hälfte der Aktien fand Abnehmer, die andere Hälfte blieb in Graf von Zeppelins Hand.

Ausgestattet mit Kapital war es ihm nun möglich, mit dem Bau des Luftschiffs zu beginnen. Fallende Rohstoffpreise waren eine willkommene Erleichterung, da das Gerüst, in das die gasfassenden zylindrischen Tanks eingehängt werden sollten, aus Aluminium angefertigt wurde. Für den Bau des Luftschiffs wurde eigens eine schwimmende

Halle errichtet. Der erste Zeppelin LZ 1 war 128 Meter lang, mit einem Durchmesser von 11,73 Metern und einer Gaskapazität von 11 327 Kubikmetern. Zwei Benzinmotoren von Daimler mit je 16 Pferdestärken sorgten für den Antrieb. Der erste Flug von LZ 1 erfolgte am 2. Juli 1901. Der Start war nicht frei von Pannen und der Flug wurde bald beendet, denn die Steuerflächen arbeiteten nicht zufriedenstellend. Mit Mühe, aber ohne weitere Pannen konnte das Luftschiff zu seinem Startplatz zurückkehren.

Es folgten weitere, jeweils verbesserte Modelle. 1905 startet LZ 2 mit gesteigerter Motorleistung. 1906 erreicht LZ 2 eine Flughöhe von 457 Metern und eine Höchstgeschwindigkeit von 53 Kilometerr pro Stunde. Bei einer Testfahrt fällt ein Motor aus, das Luftschiff wird zum Spielball der Elemente. Nur mit Mühe kann eine Katastrophe verhindert werden, indem der Graf den Befehl zum Ablassen des hochexplosiven Gases gibt. Dadurch wird das Luftschiff gerettet und nach

der Landung an Bug und Heck gesichert. Wie sich herausstellen soll, ein folgenschwerer Fehler. In der darauffolgenden Nacht gibt es einen Sturm. Das Luftschiff hat zwar eine aerodynamische Form, die aber nur hilft, wenn es sich bei einem Sturm in den Wind drehen kann, sodass dieser an der Hülle abgleitet. Dazu wird es nur am Bug an einer drehbar gelagerten Halterung verankert. Ist es an beiden Enden gesichert, ist es quasi gefesselt und dem Sturm ausgeliefert. Am nächsten Morgen wird das Ausmaß der Katastrophe sichtbar: LZ 2 ist komplett zerstört. Das Glück, das der Graf am Vortag bei der Notlandung noch hatte, hat ihn verlassen. Schweren Herzens gibt er seinen Helfern den Befehl, die

Überreste des Luftschiffs abzuwracken. Unter den Augen von zahlreichen Zuschauern beginnen die Arbeiter die Reste von LZ 2 zu zerlegen. Einer dieser Zuschauer ist Dr. Hugo Eckener, der Sonderberichterstatter einer Frankfurter Zeitung und gleichzeitig eifriger Kritiker Graf von Zeppelins. Er hatte dem Grafen mit seinen spotttriefenden Artikeln schon wegen LZ 1 sehr zugesetzt. Was den Grafen jetzt niederschmettert, ist aber nicht so sehr der Spott, sondern der klare Blick Eckeners für die Mängel der zeppelinschen Luftschiffe. Von Zeppelin wappnet sich innerlich gegen die nächste Schmähung Eckeners, doch er wird angenehm enttäuscht: Eckener schreibt einen mitfühlenden Artikel über das große Werk eines Menschen, das durch die Natur zerstört wurde. Der Reporter verbeugt sich in seinem Artikel vor dem Grafen, der den Auftrag geben musste, das Resultat von sieben Jahren Arbeit zu zerstören.

Vom Kaiser in Berlin und vom Militär war keine Hilfe mehr zu erwarten. Durch die Zerstörung der LZ 2 schien das Konzept Starrluftschiff am Ende zu sein. Nur der König von Württemberg war Zeppelin wohl gesonnen und veranstaltete eine Lotterie zu Gunsten der Luftschifffahrt, wie zuvor schon zum Bau von LZ 1. Durch die Gewinne aus der Lotterie konnte der Bau von LZ 3 finanziert werden und am 9. und 10. Oktober

1906 wurden zwei mehrstündige Fahrten erfolgreich absolviert. Auch das württembergische Königspaar war begeistert, als LZ 3 am 9. Oktober über dem Bodensee seine Kreise zog. Das neue Luftschiff bewies am 10. Oktober sein Potential, als es mit elf Personen an Bord in zwei Stunden eine Strecke von 117 Kilometern zurücklegte und sicher an seinen Startplatz zurückkehrte. Der Bann schien gebrochen, das Starrluftschiff wurde allgemein akzeptiert. Wie zu den Zeiten der Montgolfiers und Professor Charles', als es Ballonhüte, Ballonkleider und sogar Bartwichse à la Rozier gegeben hatte, musste in Deutschland der Name Zeppelin herhalten. Es gab Zeppelinpostkarten zu kaufen, Zeppelinbackwaren und, obwohl der Graf Nichtraucher war, Zeppelinzigaretten und -zigarren.

Die deutsche Reichsregierung beschloss am 19. Dezember 1906, dem Grafen 500 000 Mark für den Bau einer schwimmenden Halle, „Reichs-Ballonhalle" genannt, zukommen zu lassen, damit eine sichere Unterbringung des kostbaren Luftschiffes gewährleistet wäre. Diese Einsicht kam nicht von ungefähr, denn auch die Reichsregierung hatte Meldungen über die Erfolge ausländischer Luftschiffer vernommen. Dem Grafen konnte es nur recht sein, er wurde dadurch in die Lage versetzt, ein viertes Luftschiff zu bauen. Auch wenn ihm klar war, dass LZ 3 noch nicht das Nonplusultra des Starrluftschiffes war, glaubte er, das Leichter-als-Luft-Prinzip sei dem Schwerer-als-Luft-Prinzip überlegen. Zwar hatten sich die Flugzeuge mit Flügeln mittlerweile sehr erfolgreich weiterentwickelt, und es war auch möglich, sicher und ausdauernd mit diesen „Drahtverhauen" zu fliegen, aber für den Grafen waren das im Grunde doch immer noch „tollkühne Männer in fliegenden Kisten".

Die Kritiker mochten indes nicht verstummen. Hauptsächlich die „halbstarre" Konkurrenz in Person des Majors Parseval setzte ihm zu. Das gipfelte sogar darin, dass Graf von Zeppelin, der immerhin den militärischen Rang eines Generals innehatte, den Major Parseval zum Duell forderte. Das ging nun aber doch zu weit, und Kaiser Wilhelm II verbot das Duell. Das Ansehen Deutschlands in Europa war durch die Leistungen der Luftschiffer gestiegen und sollte nicht durch die Unstimmigkeiten zweier Protagonisten beschädigt werden. In Dr. Eckener fand Graf Zeppelin mittlerweile einen Fürsprecher, denn dieser hatte sich quasi vom Saulus zum Paulus gewandelt und sollte später zu einem Unterstützer und Vollender des Zeppelin'schen Lebenswerks werden.

Nun ging es aber an die Verwirklichung von LZ 4. 136 Meter lang sollte der neue Zeppelin werden, bei einem Durchmesser von 13 Metern und zwölf Mann Besatzung. Zwei Daimler Motoren mit nun je 110 Pferdestärken sorgten für die nötige Kraft. Ende 1907 war es soweit, LZ 4 war fertig, aber wieder einmal machte Graf Zeppelin ein Sturm einen Strich durch die Rechnung. Die Schwimmhalle wurde beschädigt und sank und mit ihr auch das in Mitleidenschaft gezogene LZ 4. Es sollte dann noch bis zum 1. Juli 1908 dauern, bis das reparierte Luftschiff abheben konnte. Nach dem Aufsteigen am frühen Morgen flog das Schiff mit seinem Erbauer und dem leitenden Konstrukteur Oberingenieur Dürr Richtung Konstanz, dann nach Schaffhausen zum Rheinfall und schließlich im Rundflug über die Schweiz. Die Schweizer, die das majestätische Luftschiff über sich hinwegfahren sahen, brachen in Jubel aus, so laut, dass es sogar die Besatzung oben im LZ 4 hören konnte. Mit Leichtigkeit wurden auch die Bergspitzen überwunden, die auf dem Rückflug zum Bodensee den Luftweg zu versperren schienen. Nach geglückter Landung war Graf Zeppelin, nach Aussage des die Fahrt begleitenden Meteorologen Professor Hergesell, „sehr ergriffen und zufrieden." Der erfolgreiche Flug von LZ 4 sorgte europaweit für Begeisterung. Man sprach schon vom Sieg des Leichter-als-Luft-Prinzips über das Schwerer-als-Luft-Prinzip.

Der sauer gewordene Motor stammte ja auch aus schwäbischer Produktion, deshalb konnte man die Ersatzteile im nahen Stuttgart erhalten. Während die Mechaniker auf dem Landeplatz bei Echterdingen auf die Ersatzteile warteten, änderte sich das Wetter schlagartig. Ein schweres Gewitter zog auf, die damit einhergehenden Sturmböen rissen LZ 4 aus seinen Verankerungen. Geistesgegenwärtig öffnete ein Besatzungsmitglied die Auslassventile der Gastanks, um ein Abtreiben des Luftschiffs zu verhindern. Das Manöver gelang, das Schiff senkte sich langsam zum Boden. Dabei streifte es aber Bäume, was eine elektrostatische Entladung auslöste. Stichflammen schossen aus dem Schiff als das Wasserstoffgas sich entzündete und binnen Sekunden war nur noch ein verkohltes, verbogenes Gerippe von LZ 4 übrig. Graf Zeppelin hielt sich zu dem Zeitpunkt in Stuttgart auf, eilte aber sofort zum Ort des Geschehens. Angesichts der traurigen Überreste seines Luftschiffs war er am Boden zerstört. Wie gelähmt stand er vor den Trümmern seines Lebenswerks. Was vor einigen Stunden noch als Durchbruch gefeiert worden war, schien jetzt nur noch ein großer Fehlschlag zu sein.

Niemand wird mir jetzt noch einen roten Heller zum Weitermachen geben, dachte der Graf. Doch als die Zuschauer den inzwischen siebzigjährigen Grafen so sahen, erschüttert, mit gesenktem Haupt, rief plötzlich einer: „Spendet für Zeppelin! Spendet für den deutschen Luftschiffbau!". Spontan wurde an Ort und Stelle mit der Sammlung begonnen und der Aufruf ging durch das ganze Land. Schon zwei Tage nach dem Unglück waren 1,3 Millionen Mark zusammengekommen. Die deutsche Reichsregierung steuerte 500 000 Mark bei und betrachtete die 24-Stundenfahrt als erfolgreich absolviert. Der deutsche Flottenverein Mannheim leitete eine Sammelaktion ein. Der Kronprinz gründete ein Reichskomitee zur Erbringung einer Ehrenabgabe des gesamten deutschen Volkes zum Bau eines neuen Luftschiffs. Diese Welle der Sympathie für Graf von Zeppelin und seine Leistungen brachten innerhalb sechs Wochen über 6 Millionen Goldmark ein. Damit wurde dann die Luftschiffbau Zeppelin GmbH in Friedrichshafen gegründet, die sich der Weiterentwicklung des Luftschiffs und des Linienluftverkehrs widmete. Die Zukunft des Starrluftschiffs war gesichert.

Im Jahr 1909 wurde dann auch die DELAG (Deutsche Luftschifffahrt-Aktiengesellschaft) gegründet. Später folgte noch die Hamburg-Amerika-Linie. Damit wurde der Unterbau geschaffen, um die Zeppeline kommerziell einzusetzen und ein Luftverkehrsnetz zu etablieren. Mit zunehmendem Alter zog sich der Graf aus den Unternehmen zurück und Dr. Eckener nahm die Geschicke der Zeppeline in die Hand.

Viele große deutsche Städte wetteiferten darum, an das Netz angeschlossen zu werden. So wurden in Frankfurt, Köln, Baden-Baden, München, Hamburg, Leipzig und Dresden Luftschiffhallen gebaut.

Nach dem tragischen Ende von LZ 4 folgten bis zum Beginn des ersten Weltkriegs weitere Schiffe, bis LZ 17. Von der DELAG erfolgreich eingesetzt kamen die Zeppeline auf 1784 Fahrten und legten insgesamt 273 600 km zurück, bei denen sie 27 773 Passagiere beförderten. Obwohl auch unter Eckener nicht immer alles ganz glatt lief – es gab auch weiterhin Probleme mit witterungsbedingten Bruchlandungen – kam es glücklicherweise zu keinen Personenschäden. Die Probleme der Zeppeline mit dem Wetter führten dann auch zur Einrichtung eines permanenten Wetterdienstes.

Es kam, wie es kommen musste: Das Militär fand immer mehr Interesse am Starrluftschiff, so dass es schließlich im ersten Weltkrieg als Bomber und Langstreckenaufklärer eingesetzt wurde. Diese Bombeneinsätze waren allerdings nicht mit den späteren Bombardements im zweiten Weltkrieg zu vergleichen. Die Schäden waren zwar keineswegs harmlos und es gab Todesopfer, doch wesentlich stärker war die moralische Wirkung. Die Royal Navy hatte lange Zeit Respekt vor den großen silbernen Zigarren. Die im Krieg eingesetzten Luftschiffe und Ballone waren jedoch durch das mitgeführte Gas sehr verletzlich und die Schäden, die sie anrichteten, waren überschaubar.

Erste Erfolge

Nun sind wir aber der Zeit ein ganzes Stück vorausgeeilt, denn in der Zwischenzeit haben auch die Schwerer-als-Luft-Luftfahrzeuge eine rasante Weiterentwicklung genommen.

Wie weiter oben schon erwähnt, hatte Otto Lilienthals Buch andere Flugpioniere inspiriert und ihnen in Form seiner Studien über den Vogelflug und die richtige Beschaffenheit eines Tragflügels das richtige Handwerkszeug in die Hände gegeben. Sein Buch, wie auch sein Tod waren der deutschen Presse nur eine Randnotiz wert. Die Aviatiker im In- und Ausland waren betroffen. So schrieb der französische Flugpionier Lecornu in einer Fachzeitschrift: „Lilienthals Tod ist für die Wissenschaft ein unermesslicher Verlust. Er hinterlässt eine sehr große Lücke in der Geschichte der Luftfahrt." Ottos Bruder, Gustav Lilienthal, konnte diese Lücke nicht schließen, denn er hatte sich am Flügelschagapparat quasi festgebissen und versuchte bis in die 1920er Jahre diesen, ohne Erfolg, in die Luft zu bringen.

Doch es gab andere, denen es zwar auch nicht gelang, sich frei wie ein Vogel in die Lüfte zu erheben, die aber doch zumindest große Hüpfer zustande brachten. Diese Hüpfer waren weder besonders weit noch besonders hoch, und doch waren es in gewisser Weise Flüge. Damit verbunden waren in damaliger Zeit weithin bekannte Namen wie Franko-Amerikaners Octave Chanute, der laut eigener Aussage da weitermachte, wo Lilienthal aufgehört hatte; oder die Engländer Percy Sinclair Pilcher und A. M. Herring. Auch in Deutschland gab es frühe Pioniere wie Karl Jatho, einen Magistratsbeamten aus Hannover, dessen motorisiertes Fluggerät allerdings auch nur ein paar Zentimeter vom Boden abhob.

Gustav Whitehead

Ein anderer Deutscher, Gustav Weißkopf (1874–1927), der in die USA ausgewandert war und sich dort Gustav Whitehead nannte, war erfolgreicher. Weißkopf stammte aus einem kleinen Dorf in Mittelfranken, er wurde schon im Alter von 13 Jahren Waise, besuchte die Volksschule, wurde Schlosser und fuhr zur See. Vor seiner Auswanderung hatte er auch kurz Kontakt mit Otto Lilienthal gehabt. In Amerika angekommen baute und testete er 1895 seinen ersten Gleiter. Doch das war ihm nicht genug, er wusste, dass die Zukunft der Fliegerei im Motorflug lag.

Weißkopf experimentiert mit Dampfmaschinen um seine Flugapparate zu motorisieren. Dies endet in einem Desaster, als einer seiner Apparate bei einem Flug an einer Hauswand landet und er mit seiner Frau der Stadt verwiesen wird. Daraufhin ziehen die Whiteheads nach Bridgeport/Connecticut. Im Morgengrauen des 14. August ist es dann soweit. Weißkopf startet mit seinem Modell Nr. 21 zum ersten Motorflug der Geschichte. Sein Flugzeug weist schon erstaunliche Details auf. Der selbstgebaute Benzinmotor treibt zwei Propeller an, das Flugzeug besitzt einen geschlossenen Rumpf, Fahrwerk und klappbare Flügel. Die Quersteuerung könne über unterschiedliche Drehzahlen der Propeller geregelt werden, so Weißkopf.

Zeugen bestätigten einen Flug von ca. 800 Metern. Darüber hinaus existieren allerdings keine Beweise dafür, dass Weißkopf wirklich geflogen ist. Dies und seine mangelnden Marketingkenntnisse verhinderten eine größere Verbreitung dieses epochalen Ereignisses. In der Folgezeit fand Weißkopf einen Investor und versuchte sich an der serienmäßigen Fabrikation von Flugmotoren, die aber nicht in Gang kam und nach nicht allzu langer Zeit wieder eingestellt wurde. Angeblich gab es auch noch ein Flugzeug Nr. 22 mit einem 4-PS-Motor, das eine Geschwindigkeit von 110 Stundenkilometern erreicht haben soll, doch auch dafür existiert kein Beweis. Als ein von ihm im Kundenauftrag gebauter

Motor nicht die versprochene Leistung erbrachte, wurde Weißkopf von seinem Kunden auf Rückzahlung verklagt, was ihn finanziell ruinierte. Weißkopf, der eine Familie zu ernähren hatte, nahm dann eine Anstellung als Fabrikarbeiter an, die er bis zu seinem Tod 1927 auch behielt. In den Jahren 1985 und 1998 wurden mit Nachbauten des Flugzeugs Nr. 21 erfolgreiche Flüge über 100, bis mehr als 800 Meter absolviert. Diese Repliken verfügten jedoch über leichtere und leistungsstärkere Motoren, als Weißkopf zur Verfügung standen. Außerdem besaß das Modell von 1998 auch verwindbare Tragflächen, so dass es besser zu steuern war. Immerhin wurde so der Beweis erbracht, dass es Weißkopf mit seinem Apparat prinzipiell möglich gewesen war, richtig zu fliegen.

Bevor wir zur Geschichte der Gebrüder Wright kommen, muss noch ein anderer amerikanischer Flugpionier erwähnt werden, nämlich **Samuel Pearpoint Langley** (1834–1906). Auch er soll schon vor den Wrights geflogen sein. Seine berufliche Laufbahn begann als Eisenbahninspektor und Bauingenieur. Später wandte er sich der Astrophysik zu und wurde Professor und Direktor eines Observatoriums. Dort untersuchte er die Solarstrahlung und deren Infrarotanteil. Ab 1887 wurde er Leiter der angesehenen Smithsonian Institution in Washington, D.C. Ab 1890 beschäftigte er sich dann mit Arbeiten auf dem Gebiet der Aerodynamik und des Schwerer-als-Luft-Prinzips. Er forschte mit Flugmodellen und Gleitern bis er sich 1891 anschickte, seine Modelle mit Dampfmaschinen zu motorisieren. 1896 flogen seine Modelle 5 und 6 Strecken von bis zu 1280 Metern. Diese Modelle hatten eine Spannweite von über vier Metern und verfügten über zwei Propeller. Der Start dieser unbemannten Fluggeräte erfolgte mit Hilfe eines Katapultes vom Dach des Langley'schen Hausboots auf dem Fluss Potomac. Langleys Versuchsreihe war damit eigentlich beendet. Auf seiner Europareise im Jahr 1895 traf er in Berlin auf Otto Lilienthal und konnte sich mit ihm austauschen. Erst 1898 ging es für Langley dann weiter. Der Smithsonian Institution wurde von der amerikanischen Regierung ausreichend Geld zur Verfügung gestellt, um Langley den Bau eines Flugapparats zu ermöglichen, der bemannt und steuerbar sein sollte. Konstruktion und Probelauf des neuen Modells, das er Aerodrome taufte, wurden 1903 beendet. Langley und sein Helfer Charles Manly entwickelten einen neuartigen Motor, den Sternmotor. Am 17. Oktober – also mehr als zwei Monate vor dem ersten Flug der Gebrüder Wright – fand, wieder auf dem Potomac River, der erste Flugversuch mit dem Aerodrome statt. Ein Fehlschlag. Manly, der auch als Pilot fungierte, konnte sich aus dem Wasser retten. Ein weiterer Versuch erwies sich ebenfalls als Fehlschlag. Manly konnte dieses Mal gerade noch gerettet werden, er steckte unter dem Flugapparat, unter Wasser fest. Die Smithsonian Institution behauptete von nun an, der Aerodrome sei der erste flugtaugliche Flugapparat gewesen. Diese Behauptung musste man zurücknehmen, da Jahre später, der erste wrightsche Flugapparat nur unter der Auflage gestiftet wurde, dass die Smithsonian Institution keinen früheren motorisierten Erstflug anerkennen dürfe. Ein Nachbau des Aerodrome in neuerer Zeit, zeigte aber dass die Konstruktion mit stärkerer Motorisierung durchaus flugfähig gewesen wäre.

Diese beiden letzten Beispiele geben stellvertretend einen Eindruck von den Anstrengungen vieler anderer, die ebenso wie die bekannten Pioniere alles daransetzten, eine Maschine zu bauen, die sie unabhängig von der Schwerkraft machen sollte, leider trotz aller Mühen erfolglos. Das bis dahin bekannteste Testflug-Opfer (nach Ikarus) war Otto Lilienthal. Alle Flugpioniere orientierten sich an seinen Arbeiten, die in Form seines Buches und seiner Notizen weitergegeben wurden. Es hätte Lilienthals Herz mit Stolz erfüllt, dass seine Arbeit in der Fachwelt so hoch geschätzt wurde.

Die Gebrüder Wright

Es gab in Amerika und Europa eine Vielzahl von erfinderischen Menschen, die wie Weißkopf, Flugapparate bauten, jedoch ihr selbst gestecktes Ziel nicht erreichten. Die Apparate flogen nicht. Es sollte noch bis zum 17. Dezember 1903 dauern, bis sich der Traum vom Fliegen zumindest im Ansatz erfüllte. Diesen Verdienst sicherte sich wieder einmal ein Brüderpaar, Wilbur (1867–1912) und Orville (1871–1948) Wright, „the flying brothers", die fliegenden Brüder.

Die Gebrüder Wright lebten in Dayton, Ohio, und hatten sich schon als Kinder für die Fliegerei begeistert. Da sie eine Fahrradfabrik betrieben, verfügten sie über die nötigen Geldmittel und handwerklichen Fertigkeiten, die man zum Bau von Flugapparaten brauchte. Wilbur aber war es, der es noch genauer wissen wollte. Er schrieb einen Brief an die Smithsonian Institution und bat um eine Liste von Büchern und Artikeln zum Thema Fliegerei. Dieser Bitte kam das Institut nach und empfahl unter anderem die Bücher von Lilienthal und Chanute. Nach intensivem Studium der ausgesuchten Schriften, war auch Orville vollends vom Fliegervirus infiziert. Die Brüder fingen an, flugfähige Modelle zu bauen, die sie wie einen Drachen steigen lassen konnte. Zur besseren Beobachtung konstruierten sie einen Windkanal. So konnten sie ihre Flugmodelle ausgiebig testen, ohne das Haus zu verlassen. Aus den Büchern und Aufzeichnungen zogen sie lehrreiche Schlüsse und entdeckten auch Fehler. So war beispielsweise eine Variable zur Berechnung von Auftrieb und Luftwiderstand bei Lilienthal fehlerhaft.

Durch ihre Studien und Versuche wurde ihnen klar, dass der kontrollierte Flug nur mit verwindbaren Tragflächen gelingen konnte. Nur so wäre es möglich, den Flugapparat in waagerechter Lage zu halten, und genau so machen es ja die Vögel mit ihren Schwingen. Die Wrights erkannten, dass, wenn man das Ende der linken Tragfläche nach oben und das der rechten Tragfläche entgegengesetzt nach

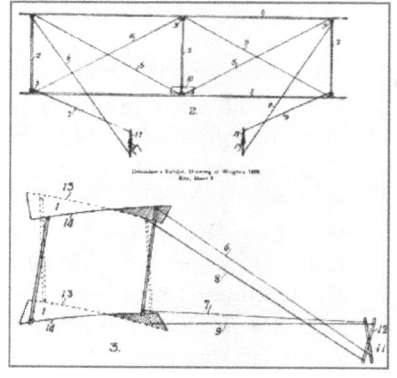

unten biegt oder verwindet, eine Linkskurve eingeleitet wird. Umgekehrt geht es dann in eine Rechtskurve. Auf diese Weise kann man, auch wenn der Wind den Flugapparat in eine nicht gewünschte Richtung treibt, gegensteuern. Diese Technik hatten die Brüder dem Buch von Mouillard „L'Empire de L'Air" entnommen. Sie waren sich auch sicher, dass Lilienthal, wäre ihm diese Technik bekannt gewesen, noch leben würde. Seine Art der Steuerung – Schwerpunktverlagerung durch den Piloten – konnte nicht lange gutgehen. Der Pilot musste während des Fluges still an seinem Platz bleiben und so für einen stabilen Schwerpunkt sorgen. Diese Erkenntnis führte wiederum zu weiteren Entdeckungen: Allein durch Flügelverwindung eine Kurve zu fliegen war nicht möglich, wegen des sogenannten negativen Wendemoments. Es bedurfte einer Seitensteuerung. Deshalb montierten die Brüder hinter den Tragflächen ein horizontales Seitenruder, welches mit der Flügelverwindung synchronisiert war. So war es endlich möglich, Kurven zu fliegen. Die Verwindung der Tragflächen und das Seitenruder waren bahnbrechende Erfindungen, die das Steuern beim Fliegen überhaupt erst möglich machten und noch heute so oder ähnlich im Flugzeugbau zu finden sind.

Zunächst machten sich die Brüder Wright daran, einen Gleiter in Doppeldeckeranordnung zu bauen. Mit diesem Gleiter zogen sie sich in die Abgeschiedenheit der Sanddünen in den Kill Devil Hills in North Carolina zurück. Der Gleiter hatte eine Spannweite von 5,18 Metern und um den Luftwiderstand zu vermindern, musste der Pilot auf dem Bauch liegend Platz nehmen. Zuerst nutzten sie die Dünen als Startplatz und es gelangen ihnen Luftsprünge von nur wenigen Metern. Nachdem sie so einige Erfahrungen gesammelt hatten, starteten sie von Hügeln, die 20 bis 30 Meter hoch waren. So gelangen dann bis zu 100 Meter weite Flüge. Die Wrights flogen den Gleiter aber nicht nur bemannt, sondern ließen ihn auch an Seilen wie einen Winddrachen steigen, um die Steuerung der verwindbaren Tragflächen und das damit verbundene Flugverhalten zu beobachten. Genauso steuert man heutzutage auch die Lenkdrachen, die man am Strand beobachten kann.

Mit neuen Erkenntnissen kehrten die Wrights nach Dayton zurück. Jetzt waren sie sicher, dass sie den Motorflug in Angriff nehmen konnten. Sie waren sich aber auch bewusst, dass sie noch weitere Erfahrungen sammeln mussten. So entstanden noch mehrere Gleiter, an denen die Wrights das optimale Flügelprofil entwickelten und die ganze Basiskonstruktion weiter optimierten.

Mit dem im August und September 1902 gebauten Gleiter Nr. 3 absolvierten die Brüder Wright bis Ende Oktober fast tausend Gleitflüge, den bestehenden Streckenrekord von Lilienthal hatten sie schon ange gebrochen. Aufgrund ihrer vielen Erfahrungen hatten sie jetzt genug Selbstvertrauen, um den Gleiter Nr. 3 mit einem Motor zu versehen und so zu konstruieren, dass er von selbst abheben konnte; nicht wie bisher mithilfe zweier kräftiger Männer. Orville wollte nun unbedingt ihre Erfindung der Öffentlichkeit kundtun und Schau-Flüge veranstalten. Er wollte heraus aus der Abgeschiedenheit der Dünen bei Kitty Hawk, wo man auch von jeglichen Nachrichten aus Europa abgeschnitten war. Man wusste nicht, ob dort nicht etwa schon der erste Motorflug stattgefunden hatte. immerhin hatte Daimler in jener Zeit einen neuen, leichten Benzinmotor entwickelt, der beim Bau von Flugapparaten sehr hilfreich hätte sein können. Wilbur konnte seinen Bruder noch einmal beschwichtigen.

Mit neuem Elan nach Dayton zurückgekehrt, begannen die Wrights die nötigen Voraussetzungen für den Motorflug zu schaffen. Wie das Wort Motorflug schon sagt, braucht man einen Motor dafür, den hatten sie aber nicht. In den USA gab es den von Daimler nicht zu kaufen, also mussten sie selbst einen konstruieren. Glücklicherweise waren sie in der Lage sich die Konstruktionspläne des Motors zu beschaffen. Wenn man die Pläne hat, hat man aber noch lange keinen fertigen Motor. Wieder waren viele Tests und Probeläufe notwendig, bis der Motor endlich fertig und funktionsfähig war. Es gelang ihnen sogar, den Daimlermotor an ihre Bedürfnisse anzupassen, sodass er 12 Pferdestärken leistete anstatt der acht Pferdestärken des Originals. Bei einem Gewicht von 90 Kilogramm ergab das ein Leistungsgewicht von 7,5 kg pro PS. So konnten sie das gesamte Fluggerät kräftiger und stabiler auslegen und die Flügelfläche vergrößern. Dies kam natürlich der Tragfähigkeit der ganzen Konstruktion zugute.

So kraftvoll und leicht der erste Flugmotor der Gebrüder Wright auch war, sie bezweifelten immer noch, dass er es schaffen würde, den Flugapparat vom Boden zu heben. Dieses Problem lösten sie, indem sie den Apparat an der Unterseite mit Kufen versahen, die auf Holzschienen gleiten konnten. Außerdem errichteten sie aus vier Holzbalken eine Pyramide, von der ein Seil über Umlenkrollen zum Flugapparat geführt und dort eingehängt wurde. Auf der anderen Seite der Pyramide hing ein 700 Kilogramm schweres Gewicht, das beim Herunterfallen das Seil mitreißen und so den Flugapparat nach vorn katapultieren würde.

Das nächste Problem waren die Propeller. Wie musste ein Propeller geformt sein, um optimal zu funktionieren? Nachdem sie auch dieses Rätsel gelöst hatten, stellten sie fest, dass der Motor die beiden von Fahrradketten angetriebenen Propeller natürlich in der gleichen Richtung antrieb. Durch dieses Drehmoment wurde der Flugapparat beim Start in die entgegengesetzte Richtung gedrückt, in der sich die Propeller drehten, und wäre deshalb von der Startschiene gerutscht. Beim Start hätte der Pilot also gegensteuern müssen, was aber bei diesen langsamen Geschwindigkeiten und der nicht effektiven Seitensteuerung nicht möglich war. Die Lösung bestand darin, dafür zu sorgen, dass sich die Propeller in entgegengesetzter Richtung drehten, sodass sich das Drehmoment egalisierte. Aber wie? Ganz einfach, da beide Antriebsketten sich ja als endloser Kreis drehten, also die Form einer Null hatten, musste eine der Ketten über Kreuz laufen, also in Form einer Acht. Dadurch drehte sich die Kette dieses Propellers in die entgegengesetzte Richtung und der Flugapparat bewegte sich geradeaus. Eine preisgünstige Lösung, die nur wenig Kopfzerbrechen gekostet hatte.

Die Brüder hatten alles bedacht, die Tragflächen mit Profil und Verwindung versehen, einen leistungsfähigen, leichten Motor geschaffen und auch das Katapult für einen sicheren Start erdacht. Der Flugapparat selbst war ein Doppeldecker, auf dessen unterer Tragfläche sich der Motor mit den Propellern und der Pilot befanden. Davor war in ca. zwei Meter Entfernung eine horizontale Steuerfläche starr angebracht, um das Gerät steigen oder sinken zu lassen. Hinter den Tragflächen befand sich eine vertikale Fläche, die den Flug seitlich stabilisieren sollte. Ein Erfolg versprechendes Gesamtpaket. Nun hielt die Brüder nichts mehr zuhause in Dayton, sie mussten wieder in die Kill Devil Hills bei Kitty Hawk in North Carolina.

Als die Wrights in ihrem Camp eintrafen, mussten sie feststellen dass Gleiter Nr. 3 beschädigt und ihre Behausung in schlechtem Zustand war. Also wurde erst einmal der Gleiter repariert, um Übungsflüge damit unternehmen zu können. Das nun Flyer getaufte Motorfluggerät machte auch noch Probleme und so verging doch noch eine gewisse Zeit, bis die Brüder dann endlich, am 14. Dezember 1903, den Flyer auf die Startschienen setzen konnten. Leider war das Höhenruder am Vorderteil zu steil eingestellt so dass es zu einer leichten Bruchlandung kam und der Flyer repariert werden musste. Aber Tests sind ja dafür da, zu lernen und das Gelernte dann umzusetzen.

Am Morgen des 17. Dezember ist es endlich soweit. Die Brüder, ihr Team und die Besatzung der Küstenrettungsstation stehen frierend in den Dünen. Nachdem die Startvorbereitungen erledigt sind, macht sich Orville Wright bereit für den ersten Startversuch an diesem Tag. Wilbur startet den Motor, und während dieser warm läuft, legt sich Orville bäuchlings auf die untere Tragfläche. Nach kurzer Zeit läuft der Motor rund und Wilbur begibt sich zum Turm. Ein kurzer Blickkontakt mit seinem Bruder sagt ihm, dass er das Gegengewicht auslösen kann. Orville schiebt den Gashebel auf volle Leistung und schon geht die Reise los.

Orville fühlt einen mächtigen Schub und glaubt im ersten Moment, er würde ohnmächtig. Dann fühlt es sich an, als stehe das Flugzeug still, doch trotzdem zieht der Strand unter ihm vorbei. Schon sieht er aber einen Sandhügel auf sich zukommen und ein jäher Stoß wirft ihn nach vorn. Er ist enttäuscht, wieso ist der Flug denn schon zu Ende? Und dann steckt er auch noch mit knatterndem Motor und drehenden Propellern in einer Düne fest. Verdrossen unterbricht er die Zündung und der Motor geht aus. Welch ein Reinfall, denkt er noch, da hört er hinter sich jubelnde Stimmen. „Es ist geglückt! Großartig!". Sein Bruder geht auf Orville zu, erzählt ihm welch wundervoller Anblick es gewesen sei, den Flugapparat davonbrausen zu sehen. Orville versteht die Welt

nicht mehr, er sei doch nur ein paar Meter (es waren immerhin 53 Meter, und das beim allerersten Flug!) weit gekommen. Wilbur versichert ihm, das sei überhaupt nicht schlimm, er meine zu wissen, was man ändern müsse. Wahrscheinlich sei das Höhenruder vor dem Flyer zu steil eingestellt und die Startgeschwindigkeit zu hoch gewesen. Man müsse nur ein paar Feineinstellungen vornehmen. So transportieren sie den Flyer wieder zum Startplatz, justieren ihn neu und der zweite Start, diesmal mit Wilbur als Pilot, erfolgt. Mit den vorgenommenen Änderungen fliegt der Flyer nun 120 Meter weit.

Den dritten Flug absolviert wieder Wilbur Wright. Da er schwerer als Orville ist, verändert das den Schwerpunkt und zusammen mit dem für den vorherigen Flug neu justierten Höhenruder schafft es Wilbur, den Flyer auf eine Flughöhe von drei Metern bringen und eine Strecke von 200 Metern zurückzulegen. Für den vierten Flug, für den jetzt wieder Orville als Pilot Platz nimmt, wird das Höhenruder erneut nachjustiert. Bei diesem Flug steigt der Flyer auf fünf Meter Höhe und schafft eine Strecke von 260 Metern. Die Flugdauer beträgt 59 Sekunden. Dies ist dann aber auch der letzte Flug an diesem Tag, denn auch die Gebrüder Wright bleiben nicht von wetterbedingten Rückschlägen verschont.

Eine Windböe wirft den Flyer um und beschädigt ihn. Daraufhin, und weil es schon Dezember ist, brechen die Gebrüder ihr Camp ab und fahren nach Hause. Was ihnen aber niemand nehmen kann, ist fast eine Minute freier Flug mit Motorkraft. Es ist geschafft, das Fliegen nach dem Schwerer-als-Luft-Prinzip ist Wirklichkeit geworden. Am 17. Dezember 1903. Ein historisches Datum. Nun haben sowohl Flugzeuge als auch Luftschiffe ungefähr zur selben Zeit bewiesen, dass beide Prinzipien, schwerer als Luft, und leichter als Luft, das Potential haben, zu den Verkehrsmitteln der Zukunft zu werden.

Die restliche Welt indes erfuhr nicht viel vom Erfolg der Wrights, die wieder zu Hause in Dayton waren. Die wenigen Zeitungsberichte, die erschienen, waren ungenau und man sah in den wrightschen Flugversuchen nichts anderes als Fehlschläge, wie die von anderen Flugpionieren davor. Die Brüder gaben sich aber auch nicht mit dem Erreichten zufrieden. Sie entwickelten den Flyer weiter und verfeinerten ihre Konstruktion. Die Tests fanden auch nicht mehr in North Carolina, sondern nicht weit entfernt von Dayton in der Huffman Prairie statt. Mit verbessertem Motor und verbesserter Steuerung vollbrachte der Flyer II, der im Mai 1904 fertig wurde, 105 Flüge. Die Dauer eines Fluges konnte nun auf fünf Minuten ausgedehnt und der Streckenweltrekord auf über 4,4 Kilometer verbessert werden. Und doch waren die Brüder mit der Steuerung nicht zufrieden, denn sie war immer noch zu ungenau. Dieses Problem wurde beim Flyer III behoben, der im Winter 1904/1905 fertiggestellt wurde. Hier hoben sie die Synchronisation des (senkrecht hinter dem Motor stehenden) Seitenruders mit der Tragflächenverwindung wieder auf. So konnten Tragflächenverwindung und Seitensteuerung unabhängig voneinander bedient werden, und damit war das negative Wendemoment aufgehoben. Dies war schließlich der Durchbruch. Flyer III war voll steuerbar, und es war möglich Kreise und Achterfiguren zu fliegen. Am 5. Oktober 1905 flog Wilbur 38 Minuten ohne Unterbrechung und legte die beachtliche Strecke von 39 Kilometern zurück!

Die Wrights, die schon am 23. März 1903 ein Patent für ihren Flugapparat angemeldet hatten, wollten nun an die Öffentlichkeit. Deshalb wurde die Presse zu einer Vorführung eingeladen. Wie schon öfter bei anderen Pionieren geschehen, spielte auch hier das Wetter wieder einmal nicht mit. Starker Wind, Regen und Probleme mit dem Motor machten die Vorführung zum Desaster. Die Presse schrieb nun nicht mehr von den „Flying Brothers", den fliegenden Brüdern, sondern von den „Lying Brothers", den lügenden Brüdern. Schlimmer noch, es wurde auch vom Sieg der Luftschiffe über die dynamischen Flugapparate berichtet. Diese Schmach verfolgte Wilbur noch nach Jahren und machte ihn misstrauisch und verschlossen.

Die nächste Enttäuschung kam vom amerikanischen Militär, das ihnen auch nur die kalte Schulter zeigte. Ähnlich erging es ihnen mit der Regierung von Großbritannien. Allerdings stellten die Wrights auch keine leichten Bedingungen. Sie verlangten eine Garantie, dass eine erfolgreiche Vorführung ihres Flugzeugs auch definitiv zu einem Kauf führen würde. Die Behörden wollten aber nicht die Katze im Sack kaufen, verlangten ihrerseits, das Fluggerät vor der Vorführung ausgiebig inspizieren zu können, und wollten sich nicht zum Kauf verpflichten lassen. Die Wrights stellten bis 1908 sämtliche Testflüge ein, um zu verhindern, dass Industrie oder Militär ihre Arbeit ausspionierten. Doch schon im Mai 1907 machte sich Wilbur mit einem neuen Flyer im Gepäck auf den Weg über den großen Teich nach Europa, um dort die Möglichkeiten zum Verkauf einer Produktionslizenz für den dynamischen Flugapparat auszuloten. Doch auch nach Monaten zeigte niemand ernsthaftes Interesse. Wilbur Wright zerlegte seinen Flyer komplett, lagerte ihn ein und fuhr wieder nach Hause. 1908 schien sich das Blatt jedoch zu wenden. Das US Militär wollte nun doch einem offiziellen Test beiwohnen. Auch der Kontakt nach Frankreich in Form einer Korrespondenz mit Flugpionier Capitaine Ferber wurde wieder aufgenommen. Ferber war sehr engagiert in der Fliegerei, er hatte auch schon Kontakt zu Otto Lilienthal gehabt und stellte eigene Forschungen mit eigenen Flugmodelle an, leider ohne Erfolg. Deshalb elektrisierte ihn der neuerliche Briefkontakt. In den ersten Briefen, vor 1908, waren die Brüder ihm gegenüber verschlossen gewesen und hatten nur davon geschrieben, dass ihr Flugapparat nicht verlässlich sei. Nun aber gaben sie ihm Informationen über Flugdauer, zurückgelegte Strecken und Probleme, die sie erfolgreich behoben hatten. Ferber konnte diese Nachrichten gar nicht glauben, auch er hatte von den „die lügenden Brüdern" gehört. Es ist anzunehmen, wenn er gewusst hätte, dass die Brüder ihm die Wahrheit erzählten, er hätte sich sofort nach Amerika aufgemacht, um sich selbst zu überzeugen. Die Wrights signalisierten, dass sie im Falle eines Vertragsabschlusses Fluggeräte liefern könnten, die, belastet mit einem Piloten und einem

Kraftstoffvorrat für 100 km, einen Abnahmeflug über eine Strecke von 40 Kilometern problemlos absolvieren könnten. Der Preis dafür sollte eine Million Francs betragen, zahlbar nach einem erfolgreichen Flug über eine Strecke von 50 Kilometern in weniger als 60 Minuten. Ferber war erschüttert angesichts des Fortschritts, den die Amerikaner erzielt hatten.

Er schrieb an das französische Kriegsministerium. Die sofortige Erteilung eines Auftrags an die Wrights sollte Frankreich einen gebührenden Platz in der Fliegerei und gleichzeitig einen Vorsprung vor allen anderen Nationen sichern. Doch das Ministerium hatte auch schon von den „lügenden Brüdern" gehört und fragte Ferber, ob er noch ganz klar im Kopf sei. Wenn es denn so wäre, dass wirklich jemand schon einmal geflogen sei, dann hätte man sicher schon davon gehört. Ferber gab aber nicht auf, er ließ seine Verbindungen in die USA spielen, um die Behauptungen der Wrights zu überprüfen. Er schrieb Briefe an einen Franzosen, der in Dayton, Ohio, wohnte und bat ihn um Nachforschungen. Der nächste Brief ging an den Franko-Amerikaner und Flugpionier Octave Chanute und der dritte Brief ging an ein Mitglied des amerikanischen Aeroclubs, das er in Paris bei einer Ballonwettfahrt kennengelernt hatte. Nach nicht allzu langer Zeit hatte er drei Antwortbriefe in der Hand, die ihm versicherten, dass die Brüder Wright ihn nicht belogen hatten. Dass Flüge über Strecken von 30 km keine Seltenheit waren. Man hatte ihm also keine Lügen aufgetischt.

Ferber, verzweifelt auf der Suche nach Geld, um einen Flyer kaufen zu können, verursachte nun unabsichtlich einen Streit um die Ehrlichkeit der Brüder. Ausgetragen wurde dieser in der Presse. Zwei konkurrierende Zeitungen, „Les Sports" und „L'Auto", versuchten ihre Auflage mit Artikeln Pro und Contra der lügenden Brüder zu steigern. Die Zeitschrift „L'Auto" schickte deshalb einen Reporter nach Dayton, um die Wrights zu einem Interview zu bewegen. Der Reporter hatte dann ein Gespräch mit Wilbur Wright, der es rundheraus ablehnte den Franzosen einen Blick auf ihr Flugzeug werfen zu lassen. Auf die Frage, warum er dies nicht zulassen wolle, bekam er zur Antwort, dass schon einmal ein Reporter eine Skizze des Flyers angefertigt habe. Die Brüder hätten gerade noch die Veröffentlichung, und somit den Nachbau, verhindern können. Auf die Frage, ob die Zeichnung denn so gut gewesen sei, erwiderte Wilbur, dass man alles daraus habe ersehen können, die Form der Flächen, die Verspannung, die Anordnung der Ruder und des Motors. Mit dieser Antwort gab sich der französische Reporter erstaunlicherweise sofort zufrieden und verabschiedete sich. Natürlich war er nur deshalb zufrieden, da er nun eine Chance witterte, auch ohne die Wrights an eine Abbildung des Flugapparates zu kommen.

Der Reporter kontaktierte nun seine amerikanischen Kollegen und binnen kurzer Zeit hatte er die betreffende Zeitung identifiziert und bekam auch einen Gesprächstermin mit dem Redakteur, der prompt die Druckvorlage aus dem Archiv holte. Beim anschließenden intensiven Gespräch passierte es, dass die Druckvorlage des wrightschen Flyers in einem unbeachtetem Moment in die Tasche des Franzosen wanderte. Dieser hatte danach nichts Eiligeres zu tun als nach Frankreich zurückzukehren und das Bild in der Zeitung zu veröffentlichen.

Das Bild schlug in Aviatikerkreisen ein wie eine Bombe. Es waren die kleinen Details, die die Fachleute faszinierten: ein Höhensteuer vor dem Flugzeug; hinten ein vertikales Seitensteuer; der Motor seitlich versetzt, um dem Piloten Platz zu lassen und auch für einen Gewichtsausgleich zu sorgen. Der Text zum Bild beschrieb auch die Startprozedur mit dem Fallturm und der Gleitschiene. Dieser Artikel in einer französischen Zeitung brachte es danach auch noch in die „Deutsche Zeitschrift für Luftfahrt" und entfachte auch dort eine Diskussion. Dieselbe Zeitung hatte schon 1904 eine Schrift von Wilbur Wright veröffentlicht. Es entwickelte sich nun ein regelrechter Sturm im Blätterwald der Fachzeitschriften, der immer mehr Details ans Licht brachte. Das konnte den Flugzeugpionieren nur Recht sein. Im Februar 1906 veröffentlichte „L'Auto" weitere Bilder, die den Flyer von hinten zeigten. Weitere kleine Detailfotos waren von besonderem Interesse, da sie die Startprozedur zeigten.

Nun konnten die Pioniere in Europa ihre Schlüsse daraus ziehen, um ihre eigenen Flugmaschinen in die Luft zu bringen. Nicht von ungefähr hatten die ersten europäischen Modelle von Delagrange und Farman Detaillösungen, die stark an den wrightschen Flyer erinnerten. Ferber schrieb in seinem Buch „Die Kunst zu fliegen": „Die Abbildungen waren für uns wichtig, denn sie zeigten die letzten Einzelheiten, die wir nicht kannten." Ferber setzte sich mit dem Herausgeber einer Pariser Zeitung in Verbindung, der daraufhin einen Vertrauten nach Dayton zu den Wrights schickte, um einen Vertrag mit ihnen auszuhandeln. Zwar waren die Wrights zu Verhandlungen bereit, doch mit dem avisierten Preis von 600 000 Francs konnten sie sich nicht anfreunden. Hätten sie gewusst, dass detaillierte Bilder ihres Flyers in Frankreich die Runde machten, hätten sie wahrscheinlich anders reagiert. Was die Brüder auch nicht wussten: dass es in Paris einen reichen, enthusiastischen Brasilianer gab, den wir ja schon kennengelernt haben. Alberto Santos Dumont hatte sich nach seinen Ballonabenteuern nun auch der Fliegerei zugewendet und wollte seinen eigenen „dynamischen Flugapparat" bauen.

Bevor Wilbur Wright sich auf den Weg nach Europa machte, absolvierte er Probeflüge mit dem alten Flyer III in Kitty Hawk, um sich nach der langen Testpause wieder mit dem Fliegen vertraut zu machen. Hier kam zum ersten Mal auch ein Passagier in den Genuss des Fliegens. In Frankreich angekommen, holte er den in Le Havre zurück gelassenen Flugapparat ab und baute ihn in Hunaudières zusammen.

Die in Frankreich benutzte Maschine war eine zweisitzige Ausführung. Die Spannweite betrug 12,19 Meter und der Vierzylindermotor brachte eine Leistung von 30 Pferdestärken, das Leergewicht betrug 363 Kilogramm, die Höchstgeschwindigkeit 64 Kilometer pro Stunde.

Die Straße in Hunaudières ist Teil einer Rennstrecke, auf der später das weltberühmte 24-Stunden-Rennen von Le Mans ausgetragen wird. Am 8. August 1908 ist es soweit. Mit einem trockenen „Gentlemen, I'm going to fly!", startet Wilbur Wright zum ersten Flug in Europa. Da die Platzverhältnisse an der Rennstrecke zu beengt sind, werden weitere Testflüge auf das nahe gelegene Militärgelände von Camp d'Auvours verlegt. Dort werden in den nächsten Tagen über 100 Flüge unternommen. Der Flyer beweist, dass es mit ihm möglich ist, Achterfiguren und Kreise zu fliegen. Auf jeden Fall wird allen Beteiligten klar, dass die Wrights und ihr Flyer allen europäischen Flugversuchen weit voraus sind. Es werden alle bis dahin bestehenden Rekorde überboten. Der längste Flug mit einem Passagier findet am 3. Oktober 1908 statt und dauert 55 Minuten und 37 Sekunden. Der längste Soloflug dauert 91 Minuten und 25 Sekunden in etwa 60 Metern Höhe. Den Höhenrekord schraubt er auf 110 Meter Höhe.

Am 31. Dezember 1908, also fast genau fünf Jahre nach dem allerersten Motorflug, stellt Wilbur Wright mit 2 Stunden 20 Minuten und 23 Sekunden den Dauerweltrekord auf. Dabei legt er eine Strecke von 124,7 Kilometern zurück. Damit gewinnt er den großen Preis, gestiftet von Michelin, der den Wrights 20 000 Francs einbringt. Diese Werte muten in der heutigen Zeit lächerlich an, zu jener Zeit aber sind dies unvorstellbare Leistungen. „Es gibt uns gar nicht...", lautet Louis Blériots ernüchterter Kommentar nach Wilbur Wrights erstem Flug, der eine Stunde und dreißig Minuten dauerte.

Die Erfolge Wilbur Wrights in Frankreich sprachen sich nicht nur in Europa herum. Sie wurden auch in der Heimat USA registriert. Das Kriegsministerium wollte nicht zu spät kommen und bot den Wrights 25 000 Dollar für die erste Maschine an. Während Wilbur seine Erfolge in Frankreich erflog, machte Orville sich bereit für die Abnahmeflüge in Fort Myer, Virginia. Die Flugmaschine war ein Military Flyer in zweisitziger Ausführung, da die Flüge von Beobachtern der US Army begleitet werden sollten. Am 3. September 1908 war Orvilles Passagier Leutnant Frank P. Lahm. Leutnant Lahm folgte Major Squir vom Signalkorps. Dieser wurde am 17. September dann durch Leutnant Thomas E. Selfridge abgelöst. Diese Flüge brachten weitere Erkenntnisse. Wilbur Wright hatte festgestellt, dass durch das zusätzliche Gewicht des Passagiers, der Vortrieb schwächer wurde. Er installierte daraufhin zwei neue, um drei Zentimeter längere Propeller und startete mit Leutnant Selfridge an Bord zum Testflug. Der Flug verlief ohne Probleme, nach vier Platzrunden aber riss plötzlich ein Steuerdraht; dadurch geriet der erschlaffte Teil des Drahtes in den Propeller, der sofort seinen Dienst versagte. Der Military Flyer, nur noch von einem Propeller angetrieben, schwankte, überschlug sich und stürzte aus ca. 30 Metern Höhe ab. Orville kam mit einem kompliziertem Schenkelbruch, einer Stirnwunde und blauen Flecken glimpflich davon. Thomas Selfridge leider nicht. Er verstarb einige Stunden nach dem Unglück an den schweren Schädelverletzungen, die er davon getragen hatte. Damit war er der erste Passagier, der bei einem Flugzeugabsturz tödlich verunglückte. Die Abnahmeflüge wurden natürlich ausgesetzt, da Wilbur Wright seine Verletzungen erstmal auskurieren musste.

Schon am 10. April 1908 war durch Lazare Weiller eine Gesellschaft gegründet worden, die für 500 000 Francs die Patente der Wrights für Frankreich erwarb. Bedingung war, dass Wilbur Wright drei Flugschüler dazu ausbildete, den Flyer zu fliegen. Hierfür verlegte Wright das Testgelände nach Pau in Südfrankreich. Die Stadt baute ein Aerodrom und schon am 6. Januar 1909 wurden die ersten Flüge absolviert.

Am 17. Februar besuchte der englische König Eduard das Aerodrom und ließ sich den Flyer vorführen. Fünf Tage später gab sich der spanische König Alfonso ein Stelldichein. Am 8. April erfolgte der letzte Aufstieg Wilburs in Pau, da die Ausbildung beendet war.

Die Wrights – auch ihre Schwester war inzwischen dazu gestoßen – zogen weiter nach Rom. Am 24. April fand eine Vorführung vor dem italienischen König statt und bereits am 28. April konnte Leutnant Calderara einen erfolgreichen Alleinflug von 35 Minuten Dauer vollführen. Es gab zwar eine Bruchlandung, da der Motor im strömenden Regen aussetzte, aber Pilot und Flugzeug kamen mit nur leichter Blessuren davon.

Am 6. Mai startete Calderara zu seinem nächsten Flug, der allerdings tragisch enden sollte, da in einer Höhe von 40 Metern der Flyer umschlug und zu Boden stürzte. Die Flugmaschine war zerstört, der Pilot hatte mehrere Knochenbrüche und eine Gehirnerschütterung. Der behandelnde Arzt stellte fest, dass Calderara zu Ohnmachtsanfällen neigte und attestierte ihm Fluguntauglichkeit.

Wilbur und seine Schwester kehrten in die USA zurück. Die Brüder erregten weiterhin mit ihren zahlreichen Schau-Flügen die Aufmerksamkeit der Öffentlichkeit. Besonders als Wilbur Wright die Freiheitsstatue in New York umrundete.

Derweil war in Deutschland Graf von Zeppelin in den Schlagzeilen. Er war in aller Munde, wurde sozusagen zu einer nationalen Angelegenheit und mit ihm die gesamte Luftschifffahrt. Doch auch die Erfolge der Gebrüder Wright blieben nicht unbeachtet. Schon im August 1907 wurden Gespräche mit der deutschen Industrie aufgenommen. Es dauerte dann noch bis zum Mai 1909, bis die Flugmaschine Wright GmbH gegründet wurde. Auf Einladung des Herausgebers des Berliner Lokalanzeigers kam Orville mit seiner Schwester Katharine Ende August 1909 in Berlin an. Es war auch schon ein in Berlin gebauter Flyer einsatzbereit.

Die Vorführungen fanden zwischen dem 30. August und dem 18. September auf dem Tempelhofer Feld statt. Es waren hohe Militärs anwesend, wie z. B. der Chef des Generalstabs, General von Moltke. Auch die royale Prominenz machte in Form von Kronprinz Friedrich Wilhelm ihre Aufwartung. Und nicht nur das, er war von allen Hoheiten die erste, die sich auch traute, mit dem Flyer als Passagier mitzufliegen. Der allererste Passagier in Deutschland war aber der Hauptmann a.D. Alfred Hildebrandt. Hildebrandts Fazit nach den erfolgreichen Vorführungen lautete: „Eine Fahrt in der Flugmaschine bedeutet einen Genuss; man hat wirklich das Gefühl, dass die Luft nun auch tatsächlich mit Luftschiffen ‚schwerer als Luft' erobert ist." Die ganze Publicity durch die erfolgreichen Vorführungen gaben der wrightschen Flugzeugfirma den erwünschten Auftrieb, und die Auftragsbücher waren voll.

Bis zum Frühjahr 1911 wurden 35 Flyer gebaut und verkauft. Der Preis lag bei 22 000 Mark, die Flugausbildung schlug mit weiteren 3000 Mark zu Buche. In dieser Zeit wurden mit den Flyern der Wrights noch zahlreiche Preise und Wettbewerbe gewonnen, doch schon 1912 waren die Verkaufszahlen auf zwei Stück gesunken. Insgesamt

wurden in Deutschland ca. 60 Maschinen gebaut und 50 Piloten ausgebildet. Die Wrights waren jedoch nicht in der Lage, den Flyer entscheidend weiterzuentwickeln. Man gönnte ihm zwar ein Rad-Fahrwerk, aber ansonsten wurden die Gebrüder Wright von den europäischen Flugpionieren, die den Wrights so viel zu verdanken hatten, bei der Weiterentwicklung des Schwerer-als-Luft-Fliegens überholt. So war es nicht verwunderlich dass bereits im September 1914 die Tore der wrightschen Firma in Berlin geschlossen werden mussten.

Die treibende Kraft der beiden Brüder war Wilbur. Leider starb er schon im Jahre 1912 an Typhus. Sein Bruder Orville versuchte zwar die Entwicklung der wrightschen Flugzeuge weiter voranzutreiben, doch ein großer Fortschritt oder eine bahnbrechende Erfindung blieben aus, denn er beharrte auf dem Entenflügelprinzip mit Druckpropellern. Erschwerend hinzu kamen Gerichtsprozesse, in denen das Patent der Wrights angefochten wurde. Es dauerte Jahre, bis diese Streitigkeiten beigelegt waren.

Dem Flyer folgte noch das Modell B, das nicht mehr in Entenflügelbauweise konstruiert war, sondern mit einem Heckleitwerk. Laut „Jane's All the World's Aircraft 1913" gab es ein ziemlich gleich aussehendes Modell C. Aber diese beiden Modelle konnten den Niedergang nicht mehr aufhalten.

Was die Brüder Wright geschafft haben – ihren Flyer in die Luft zu bringen und zu fliegen – war jedenfalls der erste Schritt zur Eroberung des Luftraums. Die Weiterentwicklungen der Konkurrenten überflügelten jedoch die Wrights, so dass sie bald in der Bedeutungslosigkeit versanken.

Flugpioniere in Europa

Frankreich

Während des Triumphzugs der Wrights durch Europa und die USA wandte sich ein Flugpionier des Leichter-als-Luft-Prinzips der Schwerer-als-Luft-Fliegerei zu. Es handelt sich hier um niemand Geringeren als **Alberto Santos Dumont** – den Santos Dumont, der mit seinem Luftschiff No. 9, La Balladeuse (die Wanderin), auf einen Kaffee auf die Champs Élysées flog und von den Parisern wegen seiner Marotten vergöttert wurde. Als er hörte, dass die Wrights einen dynamischen Flugapparat gebaut hatten, der auch noch schneller als sein Luftschiff war, musste er unbedingt auch so einen Apparat haben.

Wie so viele andere auch baute er zunächst Gleiter, um sich so dem motorisierten Flug anzunähern. In den Jahren 1905 und 1906 versuchte er sich außerdem, wenn auch erfolglos, an Hubschraubern. Am 19. Juli 1906 war es dann aber so weit. Er beförderte sein Motorflugzeug 14bis mit seinem Luftschiff No. 14 in die Höhe. So konnte er testen, ob die 14bis auch fliegen konnte. Am 13. September flog er zum ersten Mal mit der 14bis ohne Luftschiffunterstützung. Es waren zwar nur elf Meter, die er zurücklegte, doch es war ein richtiger Flug. Am 23. Oktober waren es schon 50 Meter. Damit gewann er den Archdeacon-Preis, der

mit 3500 Francs dotiert war, er war also der Erste, der in Europa einen erfolgreichen Motorflug absolvierte. Die Konstruktion seiner 14bis war zwar durchdacht und auch funktionsfähig, ließ sich aber nicht mit dem Flyer der Wrights vergleichen. Beide waren gleichermaßen nach dem Canard-Prinzip (auch Entenschnabelflugzeug genannt) gebaut. Das bedeutet, dass das Höhenruder nicht hinten beim Seitenleitwerk angebracht ist, sondern vorne am Flugzeugbug.

Die 14bis hatte eine Spannweite von zehn Metern, war 12,20 Meter lang und 290 Kilogramm schwer. Mit einem 50-PS-Motor erreichte sie eine Geschwindigkeit von knapp 42 Stundenkilometern.

Santos Dumont steigerte diese Resultate bis auf 220 Meter. Danach konstruierte er Flugzeug No. 15, das aber trotz einiger Verbesserungen nicht an die Erfolge der 14bis heranreichte. Ähnlich erging es den Nummern 16, 17 und 18. Erst das Modell No. 20, auch Demoiselle genannt, war wieder ein Erfolg. Es war als einfacher Hochdecker konstruiert, d. h. die Tragfläche war über dem Piloten angeordnet. Über der Tragfläche war der Motor angebracht, dessen Propeller vor dem Flugzeug als Zugpropeller seine Arbeit verrichtete. An einem Rohrgestänge unter der Tragfläche waren der Pilotensitz und das Fahrwerk angebracht. Dahinter befand sich, wie bei heutigen Flugzeugen, ein Ausleger mit dem Höhenleitwerk. Dieses Flugzeug ähnelte entfernt den heutigen Ultraleichtflugzeugen.

In Frankreich gab es außerdem noch einige junge Pioniere, die die Wrights, Aders und Ferbers ablösen sollten, allen voran **Gabriel Voisin** und seine Brüder. Voisin konstruierte ein Gleitflugzeug, das er auf Schwimmer stellte und hinter einem Boot auf der Seine wie einen Drachen hinter sich her zog. In Voisins Umfeld gab es auch noch **Henri Farman** und **Louis Blériot**. Nicht zu vergessen sind Namen wie Louis Bréguet, Paul Cornu und Léon Delagrange. Aber immer noch blieben die Leistungen der Wrights unerreicht.

1905 gründeten Gabriel Voisin und Louis Blériot eine Werkstatt zum Bau von Flugapparaten. Hier wurde 1906 auch die 14bis für Alberto Santos Dumont gebaut. Doch schon bald gerieten die beiden in Streit und trennten sich wieder. Gabriel machte dann mit seinem Bruder Charles Voisin weiter und gründete die Firma Aéroplanes G. Voisin. Sie entwickelten ein paar sehr gute Modelle, die sich auch gut verkauften.

Mit einem Flugzeug von Voisin gewann Léon Delagrange zum Beispiel den mit 50 000 Francs dotierten zweiten Deutsch-Preis für den ersten Flug eines geschlossenen Kilometers, das Flugzeug landete also nach einem Kilometer wieder am Startpunkt. Bis zum ersten Weltkrieg war die Firma Voisin eine der erfolgreichsten Flugzeugfirmen in Europa. Nach Kriegsende widmete Voisin sich jedoch dem Automobilbau und, mit Unterstützung seines Freundes André Citroën, dem Bau von Luxusautos.

Ein anderer französischer Flugpionier war Henri Farman. Er war zuerst Radrennfahrer, dann Autorennfahrer. Diese Leidenschaft musste er jedoch nach einem Unfall aufgeben und so kaufte er sich 1907 ein Flugzeug von Voisin. Mit seinem Bruder Maurice entwickelte er das Flugzeug weiter und nannte es Voisin-Farman I. Mit diesem Flugzeug konnte Farman einige Preise einfliegen. So gewann er den Grand Prix d'Aviation für den erfolgreichen Flug über die Strecke von einem Kilometer sowie den ersten Deutsch-Preis. Im Oktober 1907 erzielte er mit 52,7 Kilometer pro Stunde auch den Geschwindigkeitsweltrekord. 1908 nahm er Léon Delagrange als ersten Passagier auf einem seiner Flüge mit. Farman war auch der erste, der eine Art Fluglinie einrichtete. Und zwar wurde zwischen Buc, wo sich seine Werkstätte befand, und Etampes, seinem Flugplatz, eine Strecke von 40 Kilometern zur Orientierung mit Flaggen markiert. Somit konnte ein regelmäßiger Flugdienst sichergestellt werden.

Farmans Flugzeuge waren konventionelle Doppeldecker, allerdings war der Motor jeweils hinter dem Piloten angeordnet, so dass der Propeller als Druckpropeller arbeitete. Diese Flugzeuge wurden auch im ersten Weltkrieg erfolgreich als Aufklärer und leichte Kampfflugzeuge eingesetzt. 1937 zog Farman sich aus dem Flugzeuggeschäft zurück.

Österreich

In der österreichischen Stadt Oberaltstadt wurde am 25. Dezember 1879 dem Spinnereibesitzer Ignaz Etrich ein Sohn geboren, der ebenfalls auf den Namen Ignaz getauft, jedoch „Igo" gerufen wurde.

Igo interessierte sich von klein auf für den Vogelflug. Auch sein Vater interessierte sich sehr für die Fliegerei, nach dem tragischen Tod Otto Lilienthals kaufte er mehrere Gleiter aus dessen Nachlass.

Irgendwann entdeckte Igo Etrich zufällig den Flugsamen von Zanonia macrocarpa, einer Lianenart, die zur Gattung der Kürbisgewächse gehört. Sie kommt vorwiegend in Thailand, Malaysia, Indonesien und auf den Philippinen vor. Das Besondere an dieser Pflanze ist, dass sie sich durch Flugsamen fortpflanzt. Diese Flugsamen haben eine Spannweite von zehn bis zwölf Zentimetern und sehen in der Draufsicht wie kleine Bumerangs aus. Wenn die Samen reif sind, segeln sie aus großer Höhe zum Boden. Inspiriert durch diese Flugsamen und durch die Studie „Stabilität der Flugapparate" des Zoologen und Physikers Friedrich Ahlborn, entwickelte Etrich 1903 ein Flugmodell in der Form eines Nurflügelfugzeugs, das eine Strecke von einem Kilometer zurücklegte. 1906 erhielt er darauf ein Patent.

Nun machte er sich daran, ein richtiges Motorflugzeug zu konstruieren und schon 1907 testete er seine Etrich I im Wiener Prater. Leider nicht sehr erfolgreich. Etrich entwickelte sein Flugzeug weiter, vom Heckmotor und -propeller zum Frontmotor mit Zugpropeller und hecksseitigen Steuerflächen.

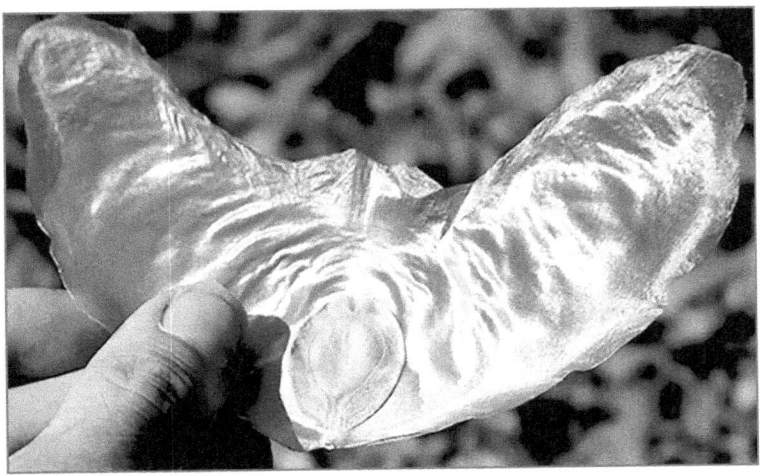

1909 zog er dann auf das neu eröffnete Flugfeld in der Wiener Neustadt. Dort errichtete er zwei Hangars und führte weitere Flugversuche durch. 1910 war es für die Etrich II dann soweit. Dieses Flugzeug, auch Taube genannt wurde in Österreich patentiert.

Die Taube, deren elegante Tragflächen, sich am Ende nach hinten bogen und die ebenfalls nach dem Prinzip des Zanonia-Flugsamens konstruiert war, flog sich aufgrund dieser Merkmale sehr gut. Durch das Zanoniaprofil verfügte sie über eine sehr gute Eigenstabilität. Das war nicht nur für Flugschüler ein Segen: Fluglehrer gaben den Anfängern den Rat, bei schwierigen Fluglagen einfach das Steuer loszulassen, bis die Taube sich wieder von allein stabilisierte.

Die Taube war ein Eindecker, dessen Flügel in Schulterhöhe angebracht waren und aus einem stoffbespanntem Bambusrahmen bestanden. Es war körperlich anstrengend eine Taube zu fliegen. Die Quersteuerung erfolgte über Tragflächenverwindung. Steuerklappen waren hier noch nicht im Einsatz. Es war jedoch eine ausgewogene Konstruktion, ein Flugzeug mit sehr stabilen und gutmütigen Flugeigenschaften.

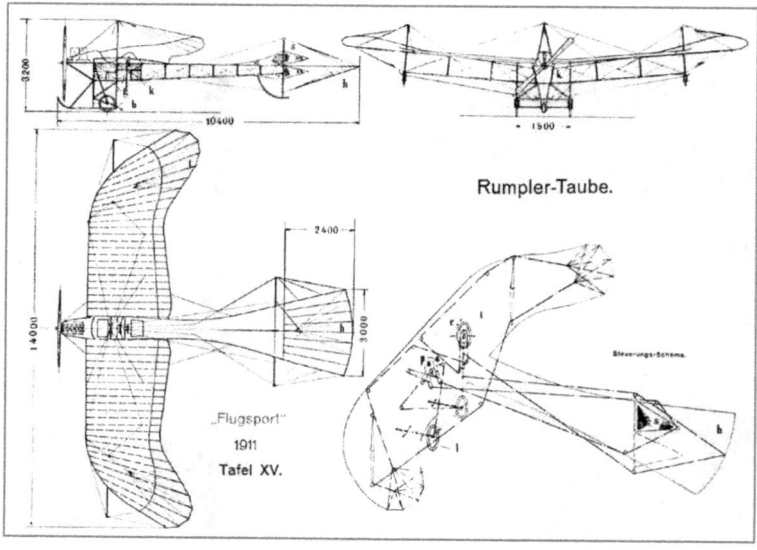

Rumpler-Taube.

„Flugsport"
1911
Tafel XV.

Etrich hatte ein richtig gutes Flugzeug konstruiert und er hoffte, dass die Taube auch ein geschäftlicher Erfolg würde. Der deutsche Fabrikant Edmund Rumpler schloss mit ihm einen Lizenzvertrag zum Bau der Rumpler-Taube. Da sich das deutsche Patentamt, aufgrund der Schriften von Friedrich Ahlborn aber außerstande sah, die Etrich-Taube in Deutschland zu patentieren, wurde die Konstruktion der Taube gemeinfrei und konnte von jedem ohne Lizenz nachgebaut und verkauft werden. Rumpler stellte daraufhin seine Zahlungen ein und brachte die Rumpler-Taube auf den Markt. Einige weitere Firmen, wie die Deutschen Flugzeug-Werke, die Lohnerwerke in Wien, die Gothaer Waggonfabrik, folgten Rumplers Beispiel, so dass es am Ende mehr als 40 Flugzeughersteller gab, die Tauben produzierten.

Etrich gründete daraufhin die Brandenburgischen Flugzeugwerke und holte sich mit Ernst Heinkel einen kompetenten Leiter für sein Konstruktionsbüro. Die Taube wurde mit einer vollständig geschlossenen Kabine zur Luft-Limousine weiterentwickelt. Es folgte auch noch die Sport-Taube, die schneller als die meisten anderen Flugzeuge zu der Zeit war. Igo Etrich zog sich jedoch aus der Luftfahrt zurück und widmete sich ganz den Textilmaschinen, mit denen er eigentlich sein Geld verdiente. Für seinen Konstruktionschef Ernst Heinkel allerdings ging es jetzt erst richtig los.

Die Taube aber, egal unter welcher Marke, war äußerst beliebt. Natürlich auch beim Militär. Durch ihre Flugstabilität war sie nun einmal ein idealer Aufklärer. Ein weiterer Vorteil waren die stoffbespannten Tragflächen, die bei Flughöhen oberhalb von 400 Metern durchsichtig wirkten, so dass das Flugzeug nur schwer zu erkennen war. Streitkräfte in Europa und Amerika begannen Fliegerstaffeln aufzustellen. In Deutschland hatten die Flugzeuge indessen eine starke Konkurrenz in Gestalt der Zeppeline, die immer sicherer beherrschbar und zuverlässiger wurden.

Deutschland

In Deutschland war man noch nicht soweit. Hier gab es zwar Vorführungen von ausländischen Fliegern, wie z. B. die unglücklichen Vorstellungen des Dänen Jacob Ellehammer oder des Franzosen Armand Zipfel in Berlin. Diese Vorführungen waren aber keineswegs als Flüge zu bezeichnen. Hauptmann Hildebrandt, der die Gebrüder Wright nach Deutschland geholt hatte und nun Lehrer an der deutschen Luftschiffer-Lehranstalt war, schrieb damals: „Gibt es denn in ganz Deutschland keinen einzigen Piloten? Wohin kommen wir, wenn das so weiter geht?", und weiter: „Lebt denn in dem Land, das einen Otto Lilienthal seinen Sohn nennen darf, kein Mensch, der ein Flugzeug konstruieren, bauen und fliegen kann?" Die Kanalüberquerung Blériots und der neue Dauerflugrekord auf der Reimser Flugwoche sorgten für weitere Bestürzung. Dr. Karl Lanz, ein erfolgreicher Unternehmer aus Mannheim, versuchte, mit dem von ihm gestifteten und mit 50 000 Mark dotierten Lanzpreis der Lüfte, einen Anreiz zu schaffen, damit sich auch in Deutschland etwas auf dem Gebiet der Fliegerei bewegte.

Karl Jatho

In der Zeit zwischen dem tragischen Tod Lilienthals und den erfolgreichen Flügen der Wrights gab es natürlich auch Europäer, die sich mehr oder minder erfolgreich dem Motorflug widmeten. Karl Jatho begann 1896 mit der Konstruktion von Gleitern. Von 1903 bis 1909 baute er insgesamt sechs motorisierte Flugapparate.

Mit dem ersten, einem sogenannten Dreiflächer, gelang ihm am 18. August 1903 der erste Luftsprung über eine Weite von 18 Metern bei einer Flughöhe von 75 Zentimetern.

Nach eigenen Angaben konnte Jatho die Flugweite bis November 1903 auf eine Strecke von 60 Metern bei einer Flughöhe von 2,5 Metern ausweiten.

Es gibt widersprüchliche Berichte aus Zeitungen, Magazinen und von Zeitzeugen, aber es ist nicht klar, ob Jatho weitere Erfolge mit seinen ersten Konstruktionen erzielen konnte. 1910 baute er ein Flugzeug, das sich nah an Blériots Konstruktionen anlehnte, mit dem ihm jedoch ebenfalls der Durchbruch versagt blieb. Er gründete die Hannoverschen Flugzeugwerke sowie eine Flugschule, denen aber kein Erfolg beschieden war. Auch das Militär zeigte kein Interesse. So schlossen 1914 beide Unternehmungen ihre Tore. Heute erinnern nur noch zwei Gedenksteine an Karl Jatho, den Magistratsbeamten aus Hannover.

Die Internationale Fliegerwoche anlässlich der Internationalen Luftfahrt-Ausstellung fand am 3. Oktober 1909 in Frankfurt am Main statt. Hier fanden sich dann, außer den berühmten ausländischen Piloten Wright, Blériot, Latham und Rougier, auch schon deutsche Namen im Programm. Außer Graf von Zeppelin mit seinem Luftschiff waren die Flieger Hans Grade, Hermann Dorner und der in Darmstadt wohnende August Euler dabei. Das Flugfeld auf dem Rebstockgelände wurde anlässlich dieser Fliegerwoche eröffnet. Heute befindet sich daneben das Messegelände der Stadt Frankfurt am Main.

August Euler

Nun ging es auch in Deutschland mit der Schwerer-als-Luft-Fliegerei so richtig los. August Euler zum Beispiel erwarb eine Lizenz von Gabriel Voisin und baute Flugzeuge. Er war auch der Erste, der die nun amtlich vorgeschriebene international gültige Pilotenprüfung in Deutschland ablegte und somit offiziell am 1. Februar 1910 das Flugzeugführerpatent Nr. 1 erhielt. 1912 verlegte er Wohnsitz und Fabrik von Darmstadt nach Frankfurt. Im Jahr 1912 baute er sein Flugzeug „Gelber Hund", das erste Flugzeug, das ab 10. Juni 1912 Luftpost zwischen Darmstadt und Frankfurt beförderte.

Hans Grade

Hans Grade (1879–1946), Inhaber des Flugzeugführerpatents Nr. 2, konnte sich am 30. November 1909 die 50 000 Mark des Lanz-Preises sichern. Der Ausschreibung zufolge sollte der Pilot, der, „über deutschem Boden, in 20 Metern Höhe, eine Acht, also je einen vollen Kreis nach rechts und links, mit einem Flugzeug durchgeführt hat, das von einem Deutschen entworfen und ausschließlich aus deutschem Material gebaut worden war," den Preis gewinnen. Hans Grade nutzte die gewonnene Summe und investierte sie in eine Flugzeugfabrikation und eine Flugschule, mit der er sehr erfolgreich war. Er hatte Flugschüler aus der ganzen Welt. Deutschland war endgültig vom Flugzeugfieber erfasst. Jetzt galt es, den Anschluss nicht zu verlieren.

Großbritannien

In Großbritannien machte sich vor allem die Tageszeitung „Daily Mail" um die Fliegerei verdient. Sie stiftete über die Jahre verschiedene Preise, um den englischen Flugzeugpionieren Anreize zum Bau von Flugzeugen zu geben. Einen davon gewann Louis Blériot, ein Franzose. Die „Daily Mail" bot auch 10 000 Pfund für den ersten Flug von London nach Manchester in weniger als 24 Stunden. Diesen Preis holte sich wieder ein Franzose, nämlich Louis Paulhan. Diese Wettbewerbe brachten aber auch Konstrukteure wie Alliot Verdon Roe (Avro) oder Samuel Cody hervor, die erfolgreich Flugzeuge konstruierten und flogen. Aus den USA kamen Flugzeuge von Glen Curtis, einem Konkurrenten der Wright-Brüder.

Erstflüge

Noch bevor Igo Etrichs Taube aus dem Ei schlüpfte und weit verbreitet war, gab es schon andere erfolgreiche Flugzeugkonstrukteure. Um die Maschinen und ihre Leistungsfähigkeit zu präsentieren, wurden Preise für besondere Leistungen gestiftet. So kam es dann auch zu historischen Erstflügen, wie den ersten Flug über den Ärmelkanal von Frankreich nach England.

Louis Blériot

Der im Zusammenhang mit Gabriel Voisin schon erwähnte Louis Blériot sollte noch bekannter als Voisin werden. Blériot, der mit seiner Lederkappe und seinem Schnauzbart laut Aussage von Zeitgenossen eher einem gallischen Clan-Chef ähnelte als einem Fabrikanten, war ein äußerst hartnäckiger Charakter. Nach seinem erfolgreich abgeschlossenen Ingenieurstudium gründete er 1895 ein Unternehmen zur Produktion von Autoscheinwerfern. Insgeheim hatte er sich jedoch längst der Fliegerei verschrieben. Zuerst versuchte er sich, wie viele andere, an Flügelschlagapparaten, um dann auf Gleiter und Doppeldecker umzuschwenken. Nach kurzer Zusammenarbeit mit Voisin konstruierte er selbst Flugmaschinen, die, im Gegensatz zu Voisins Meinung, keineswegs Doppeldecker sein mussten. Nach vielen Fehlversuchen und Rückschlägen kam mit der Version XI der erhoffte Erfolg. Die Blériot XI war eine erstaunliche Maschine, die für die damalige Zeit einmalige Flugleistungen vorweisen konnte.

Die Konstruktion war ein konventioneller Eindecker mit dem Motor vor dem Piloten und einem Zugpropeller. Die Steuerung erfolgte über ein Seitenruder im Heckleitwerk und verwindbare Tragflächen. Man konnte mittels einer von Blériot erfundenen Handsteuerung vier Drähte betätigen. Zwei dieser Drähte regulierten die Tragflächenverwindung, die beiden anderen steuerten das Höhenruder im Heck. Das ebenfalls im Heck befindliche Seitenruder wurde mit einem Fußhebel bewegt.

Das Jahr 1909 war ein aufregendes Jahr in der jungen Geschichte der Fliegerei. Es wurde eine Vielzahl von Preisen ausgeschrieben, die meist mit der erfolgreichen Erfüllung einer Aufgabe bzw. Pionierleistung verbunden waren. So schrieb Ende 1908 die „Daily Mail" einen Preis über 1000 Pfund aus für den Piloten, dem erstmals ein Flug von Frankreich nach England gelingen sollte. Nun liegt England, als Teil von Großbritannien, bekanntermaßen auf einer Insel. Um von Frankreich nach England zu fliegen muss also das Meer überflogen werden. Unter den Piloten, die diese Herausforderung annahmen, waren bekannte Namen, wie Hubert Latham, der Comte de Lambert, C. S. Rolls (Mitgründer von Rolls Royce) und auch Louis Blériot.

Die Flieger hatten sich an der Kanalküste bei Calais in verschiedenen Unterkünften und Bauernhäusern einquartiert. Vor der Küste patrouillierte das französische Torpedoboot „Harpon", welches die Flieger bei ihrem Pionierflug über den Kanal begleiten und im Notfall retten sollte.

Nun warteten also die Kontrahenten, räumlich nicht weit voneinander entfernt, hinter der Küstenlinie auf gutes Flugwetter. Alle waren mehr oder minder nervös und konnten es kaum abwarten. Blériot allerdings hätte lieber etwas mehr Zeit gehabt, da er körperlich angeschlagen war und an Krücken ging. Ein paar Tage vorher war nämlich sein Kühler während eines Testflugs geborsten und durch die Überhitzung des Motors hatte die Maschine Feuer gefangen. Bis zur sicheren Landung hatte sich Blériot Verbrennungen an den Füßen eingehandelt. Dass er nun an Krücken humpeln musste, stimmte ihn nicht gerade sanfter.

Am frühen Morgen des 19. Juli 1909 kam die Nachricht, dass Hubert Latham sich startbereit machte. Sein Flugzeug, die Antoinette VII, war von Léon Levavasseur konstruiert worden. Sie besaß einen bootsförmigen Rumpf und dicke Flügel, für den Fall dass der Flug im Wasser endete. Als das Torpedoboot auslief, weckten dessen Signale die Konkurrenten, so dass diese Bescheid wussten. Blériot glaubte, für ihn sei damit der Wettbewerb schon vorbei. Er ging in den Schuppen, um sich abzulenken. Eigentlich musste er sein Flugzeug noch fertig zusammenbauen, wenn Latham sicher in England landen würde, wäre das aber gar nicht mehr nötig ... Es dauerte jedoch nicht lange, bis die Nachricht kam, dass er es nicht geschafft hatte. Schon nach 16 Kilometern hatte sein Motor ausgesetzt und ihn zum Notwassern gezwungen. Als die Besatzung der „Harpon" ihn fand, saß er auf seiner schwimmenden Antoinette und rauchte eine Zigarette. Kaum an Land machte er sich sofort auf den Weg, um ein neues Flugzeug, eine neue Antoinette, zu beschaffen.

Louis Blériot war zunächst erleichtert, dass der Konkurrent gesund und wohlbehalten wieder an Land war. Es erfüllte ihn aber auch mit Zuversicht, da er nun doch eine Chance witterte. Bald war Latham mit einem neuen Flugapparat zurück. Blériot arbeitete immer noch wie ein Besessener, um seine Maschine endlich fertigzustellen. Am 24. Juli war es endlich so weit. Nachts ließ der Sturm nach und das Wetter klarte auf. Blériot schickte einen seiner Helfer zum Hafen, um den Zerstörer der französischen Marine zu verständigen.

4:35 Uhr. Blériot startet Richtung England, ohne Kompass oder andere Navigationshilfen, einfach der Nase nach. Er überquert den Zerstörer „Escopette" und nach geraumer Zeit, stellt er fest, dass er nun ganz alleine ist. Kein England in Sicht, auch von Frankreich ist nichts mehr zu sehen. Endlich, nach ca. 20 Minuten Flugzeit, erscheinen die Kreidefelsen der englischen Küste. Jetzt weiß Blériot ungefähr, wo er ist. Allerdings hat er den vorbereiteten Landeplatz verfehlt, den es jetzt zu finden gilt. Da die Klippen höher sind, als sein Flugapparat steigen kann, fliegt er parallel zur Küste, um einen Weg durch die Kreidefelsen zu finden. Der Wind wird wieder böig, der Tank muss jetzt auch schon ziemlich leer sein. Höchste Zeit, einen sicheren Landeplatz zu finden. Blériot sichtet zwei Dampfer. Bestimmt fahren die nach Dover. Er folgt dieser Richtung und trifft auf einen weiteren Dampfer. Kurz danach ist Dover in Sicht. Blériot ist erleichtert und sieht schon die 25 000 Francs auf seinem Konto. Nachdem auch das Schloss auftaucht, auf dessen Golfplatz Blériots Helfer den Landeplatz markiert haben, erblickt er die Trikolore und weiß, dass er sein Ziel vor Augen hat. Noch eine Ehrenrunde, dann setzt er zur Landung an. Zwar geht das Fahrwerk zu Bruch, aber was macht das jetzt noch aus. Blériot bleibt unverletzt und kann seinen Triumph genießen. Er wird in London und in Paris wie ein Held gefeiert und mit Ehrungen überhäuft. Auch wirtschaftlich ist das Unternehmen

ein Erfolg, denn Louis Blériot kann sich vor Aufträgen nicht retten. Jeder Aviatiker will nun mit der Maschine fliegen, mit der der Ärmelkanal überwunden wurde. Das macht Blériot zum Flugzeugfabrikanten und reichen Mann.

Hubert Latham lässt sich nicht lumpen und will wenigstens der Zweite sein, der den Kanal überfliegt, doch es wird wieder nichts daraus. Erneut landet er, diesmal mit Antoinette VII, im Wasser, um ein weiteres Mal von der Marine gerettet zu werden. Charles S. Rolls aber gelingt mit seinem Wright Flyer am 2. Juni 1910 die erste doppelte Kanalüberquerung in dem er hin und wieder zurück fliegt.

So weit war es nun also: Aus den Grashüpfern waren Vogelküken geworden und diese wurden jetzt flügge. Die Aviatiker präsentierten sich mit ihren neuesten Konstruktionen auf Flugshows, die damals groß in Mode kamen. Die Flugwoche von Reims, vom 22. bis 28. August 1909, ist ein sehr gutes Beispiel dafür. Mit ihr begann das goldene Zeitalter der Flugschauen. Orville Wright hatte mit seinen Flügen in Frankreich den Anfang gemacht und bald wurde Frankreich zum Zentrum der europäischen Luftfahrt. Deshalb gaben sich nicht nur Flieger und Konstrukteure hier ein Stelldichein, diese Shows zogen auch die Massen an. Neben Demonstrations- und ersten Kunstflügen, waren auch Luftrennen sowie ein Höhenwettbewerb angesetzt. Viele große Namen waren am Start. Abgesehen von dem unglücklichen Kanalflieger Hubert

Latham, waren auch Glen Curtis, die Gebrüder Voisin, Alberto Santos Dumont, Henri Farman, Léon Delagrange, Louis Blériot, Levavasseur und viele andere vertreten.

Den Gordon-Bennett-Preis holte sich der Amerikaner Curtis mit seinem Golden Flyer mit einer Durchschnittsgeschwindigkeit von 75,789 Stundenkilometern. Blériot stellte den Geschwindigkeitsrekord auf, mit einer Höchstgeschwindigkeit von 97 Stundenkilometern, Henri Farman den Dauerflugrekord, mit einer Flugdauer von 3 Stunden und 4 Minuten. Wie man an diesen Zahlen sehen kann, waren das, verglichen mit heute, noch sehr bescheidene Leistungen.

Wöchentlich gab es nun Meldungen von neuen Weltrekorden und Bestleistungen. Aber besondere Beachtung fanden Leistungen, wie Blériot sie vollbracht hatte: die Überwindung natürlicher Barrieren, wie z. B. des Meeres, oder weiter Strecken. Die Berge hatte jedoch noch keiner im Visier. Deshalb überraschte es, dass anlässlich der Flugwoche in Reims ein Komitee die Summe von 100 000 Lire aussetzte, für den, der den ersten Flug über die Alpen nach Mailand innerhalb von 24 Stunden bewältigen würde. Zwischenlandungen waren erlaubt. Der Zweite sollte immerhin noch 70 000 Lire und der Dritte 10 000 Lire erhalten. Hintergrund dieser Ausschreibung war, dass die Mitglieder des stiftenden Komitees in Mailand eine Flugwoche planten. Ein erfolgreicher Rekordflug wäre natürlich eine hervorragende Werbung für die Veranstaltung.

Es hatten sich acht Piloten angemeldet, von denen am Ende nur der Amerikaner Charles Weyman mit einem Farman-Doppeldecker und der Peruaner Jorge (Geo) Chávez mit einem Blériot-Eindecker übrig blieben. Der Erstflug über die Alpen würde also ein Zweikampf sein.

Geo Chávez

Jorge Chávez Dartnell, genannt Geo, wurde als Sohn eines nach Frankreich eingewanderten peruanischen Millionärs am 13. Juni 1887 in Paris geboren. Seinen Fluglehrer Louis Paulhan brachte er ein ums andere Mal durch die gewagtesten Flugmanöver an den Rand des Nervenzusammenbruchs. Chávez war aber keineswegs lebensmüde, sondern hatte einfach ein sehr gutes Gefühl für sein Flugzeug. Und er hatte entdeckt, dass sich das Steuerverhalten im Zusammenwirken von Heckruder und Seitensteuer in Schräglage verändert. Diese Erkenntnis versetzte ihn in die Lage, Manöver zu fliegen, die noch niemand zuvor gewagt hatte.

Schon am 22. Juli 1910 wurden die Flugschau-Veranstalter im schweizerischen Örtchen Brig vorstellig, um mit den dortigen Behörden die ersten Kontakte zu knüpfen. Die Verhandlungen verliefen etwas schwierig, weil die Italiener sehr auf ihren Vorteil bedacht waren und der kleinen schweizerischen Gemeinde nur Kosten verursachten. So musste eine Telefonleitung von Brig in das italienische Gondo verlegt werden. Ein Hangar für die Flieger musste errichtet werden. Nicht zu vergessen die Signalposten, die im ganzen Simplongebiet eingerichtet werden sollten.

Weiteren Unmut verursachte der von den Italienern vorgegebene Starttermin. Der 18. September ist nämlich der eidgenössische Buß- und Bettag und damit waren eigentlich alle nicht kirchlichen Aktivitäten verboten. Schließlich wurde ein Kompromiss ausgehandelt und es sollte ab zwölf Uhr mittags gestartet werden dürfen. Schon ab dem frühen Morgen strömten Massen von Besuchern und Schaulustigen in den kleinen Ort Brig. Die ganze Aufregung um den Starttermin erwies sich im Nachhinein als überflüssig: Das Wetter war so schlecht, dass an einen Flug gar nicht zu denken war.

Der erste Start erfolgte also nicht am 18. sondern am 19. September. Geo Chávez machte seine Blériot XI startbereit. Mit diesem bewährten Flugzeugtyp mit 50-PS-Gnôme-Motor hatte er erst kürzlich in Paris den Höhenweltrekord von 2650 Metern aufgestellt. Mit der Gewissheit, schon höher geflogen zu sein, sollte es für ihn möglich sein, die 2006 Meter hoch gelegene Simplon-Passhöhe zu überfliegen.

Frühmorgens um 6.16 Uhr hob Chávez in Brig ab und schraubte sich mit ein paar Platzrunden in die Höhe, um dann Richtung Rhônetal zu entschwinden. Zwanzig Minuten danach war auch Weyman in der Luft. Da kam Chávez jedoch schon wieder zurück. Es war schon ein besonderes Spektakel – zwei Flugapparate gleichzeitig in der Luft. Nach seiner Landung berichtete der unterkühlte und erschöpfte Chávez, dass es nach ruhigem Aufstieg in 2200 Meter Höhe zu heftigen Turbulenzen gekommen sei. Er habe das Steuer mit aller Kraft anpacken müssen, um die Kontrolle zu behalten. Das Flugzeug sei heftig hin und hergerissen und nach oben und unten katapultiert worden. Wegen den tiefhängenden Wolken und dem Wind habe er sich zur Rückkehr entschlossen.

Chávez kam zu dem Schluss, dass die Alpenüberquerung wohl eher ein Problem von Wind und Wolken war, und nicht so sehr von Motorstärke und Orientierungsfähigkeit. Dieser erste Versuch hatte ihn so entkräftet, dass er sich erst einmal erholen musste. Passend dazu verschlechterte sich das Wetter, sodass das Fliegen für die folgenden drei Tage ohnehin ausgeschlossen war.

Die Strapazen, die Chávez durchgemacht hatte, waren durch ein für Gebirge typisches Phänomen verursacht worden, das man als Auf- und Fallwinde bezeichnet. Der Wind wird wie durch einen Kamin den Berg hinaufgeblasen, um dann hinter dem Bergkamm als Fallwind ins Tal zu stürzen. Unter normalen Bedingungen hatte Chávez ja schon bewiesen, dass er höher als die Passhöhe fliegen konnte, nun kamen aber die Unbilden des Wetters erschwerend hinzu. Das führte natürlich nicht nur zu höheren körperlichen Belastungen für den Piloten, auch die zerbrechlichen Fluggeräte wurden stärker belastet. Vor Chávez war noch nie jemand unter diesen Bedingungen geflogen.

Der 23. September begann bewölkt, doch schon am Vormittag zeigte sich blauer Himmel und die Wolken verschwanden. Die Menschenmassen waren in den vergangenen Tag weniger geworden, aber trotzdem fehlte es nicht an Zuschauern. Die Wetteraussichten waren alles andere als gut: Windstille, aber in großer Höhe eisige Kälte. Von der italienischen Seite wurden auch noch starke Winde gemeldet.

Um 13.29 Uhr startet Geo Chávez und lenkt sein Flugzeug Richtung Italien. Kaum hat er die erste Passhöhe genommen gerät sein Flugzeug außer Kontrolle. Chávez wird mit seiner Blériot wie von einer Riesenfaust gepackt und durch die Luft gewirbelt. Plötzlich geht es nur noch bergab, die Bäume kommen bedrohlich nahe. Als er glaubt, jetzt ist alles aus, bewegt er in Todesangst den Steuerknüppel – und atmet erleichtert auf. Das Flugzeug reagiert wieder und Chávez kann sich retten. Noch während er diesen Schock verarbeitet, macht er sich auf in Richtung Domodossola. Der Motor hört sich prima an, das Flugzeug steigt und Geo Chávez ist wieder bester Laune. Er überfliegt das Galdenhorn, doch als er den Fletschhorngletscher überfliegt, kommt die Riesenfaust wieder, um ihn ein weiteres Mal von oben noch unten zu katapultieren. Er muss sich festhalten, um nicht aus dem Flugzeug geschleudert zu werden. Chávez weiß nicht, wie lange die Elemente so mit ihm und seinem Flugzeug gespielt haben, als er den Felsen plötzlich wieder gefährlich nahekommt und seine Maschine erneut erst im allerletzten Moment unter Kontrolle bringen und sich retten kann.

Nur eine kurze Pause wird ihm gegönnt, dann beginnt das boshafte Spiel der Elemente von Neuem. Wie ein Jo-Jo saust Chávez auf und ab. Die Spanten seiner Blériot ächzen und die Drähte der Verspannung surren im Wind. Ein drittes Mal gelingt es ihm, seine Maschine abzufangen, doch jetzt muss er feststellen, dass er zu viel Höhe verloren hat. So wird er nie über den nächsten Pass kommen. Es bleiben ihm nur zwei Möglichkeiten. Entweder hier und jetzt notlanden oder durch das Zwischenbergetal in das enge und zerklüftete Val Divedro einbiegen. Von dort aber führt kein Weg zurück, da er dort sein Flugzeug nicht wenden kann. Er setzt alles auf eine Karte und entscheidet sich weiterzufliegen. Zitternd und schlotternd biegt er in das enge Tal ein, und tatsächlich geht alles gut. In der Ferne sieht er schon den Pizzo d'Albione, den er noch überfliegen muss. Dahinter liegt Domodossola, das Ziel für seine Zwischenlandung auf dem Weg nach Mailand. Das Großziel, die Überquerung des Alpenkamms hat er jedenfalls geschafft.

Eine große Menschenmenge hat sich südlich der Stadt am Landeplatz versammelt. Jubel bricht aus, als Chávez mit seiner Maschine in Sicht kommt. Zum Erstaunen aller setzt er in ca. 1000 Meter Höhe zu einem steilen Sinkflug an, so als wäre er in einen Fallwind geraten. Als er die Maschine dann wieder abfangen will, passiert es. In einer Höhe von zehn bis zwanzig Metern klappen beide Tragflächen ein und das Flugzeug stürzt ab. Dieser letzte Sturzflug ist einfach zu viel für das geschundene Material.

Geo Chávez wird ins Krankenhaus gebracht. Körperlich hat er den Absturz eigentlich ganz gut überstanden. Die Gehirnerschütterung, Beinbrüche und Hautabschürfungen würden wieder heilen, doch seine Nerven erholen sich nicht von den Strapazen im Gebirge. Er wird von Panikattacken gequält, in denen er die Sturmböen und die Sturzflüge immer wieder durchlebt. Nach fünf Tagen wird er erlöst und stirbt.

Wieder ein Enthusiast, der sein Leben für eine Idee gegeben hat. Die Gemeinde Brig hat ihm zu Ehren in der Stadtmitte ein Denkmal errichtet. Die Leistung, die Chávez mit der ersten Überquerung der Alpen leistete, war ungleich schwieriger, als über den Ärmelkanal zu fliegen. Trotzdem ist Louis Blériot bis heute unvergessen. Aber wer erinnert sich noch an Geo Chávez, den sympathischen Peruaner?

In der Folgezeit wurden die Flugzeuge immer sicherer und leistungsfähiger, so dass Rekordleistungen in immer schnelleren Geschwindigkeiten, größeren Höhen und weiteren Entfernungen erbracht wurden. Frankreich blieb weiterhin das Zentrum der Aviatik.

Roland Garros

Einer der jungen aufstrebenden französischen Flieger war Roland Garros, geboren auf Réunion und eigentlich nach Paris gekommen, um Musik zu studieren. Innerhalb kurzer Zeit wurde er jedoch vom Fliegerbazillus infiziert, kaufte sich 1910 bei Santos Dumont eine Demoiselle und wurde zu einem der bekanntesten und erfolgreichsten Flieger Frankreichs.

Schon 1911 gewann er den Grand Prix d'Anjou sowie mehrere Luftrennen, darunter die berühmten Wettbewerbe Paris – Rom und Paris – Madrid. Zwei Jahre zuvor hatte man Blériot für die geglückte Kanalüberquerung gefeiert. Jetzt machte sich ein anderer Franzosen daran, von Fréjus in Südfrankreich nach Bizerte in Tunesien zu fliegen. Man durfte gespannt sein. Sein Flugzeug war eine Morane-Saulnier G mit einem 60-PS-Gnôme-Sigma-Motor. Dieser Typ zählte nicht gerade zu den zuverlässigsten und stabilsten.

Es ist der 23. September 1913, frühmorgens 5.47 Uhr als Garros in Fréjus ab hebt und in Richtung Sardinien steuert. 200 Liter Benzin und 60 Liter Öl hat er an Bord. Die für die 760 Kilometer lange Strecke reichen sollten. Der Flug ist eine große Herausforderung an die Technik, aber auch für den Piloten, da es über dem offenen Meer keine Landmarken als Navigationshilfe gibt. Selbst Blériot hatte sich auf der vergleichsweise kurzen Strecke über den Kanal ja auch schon verflogen. Erleichternd ist immerhin, dass die Strecke eigentlich nur geradeaus geht.

Von Fréjus geht es erstmal weiter Richtung Sardinien. Nicht weit entfernt von Korsika kommt es zum ersten Mal zu Problemen mit dem Motor. Garros hört ein metallisches Geräusch, als ob etwas zerbräche. Da Korsika und Sardinien als eventuelle Notlandeplätze fungieren sollen, verlässt Garros seinen ursprünglichen Kurs in Richtung der beiden Inseln, um eine Notlandung im Wasser zu vermeiden.

Das Wetter verschlechtert sich, es wird windig und Garros muss seine Flughöhe von 1500 auf 800 Meter senken.

Wieder hört er das merkwürdige Geräusch vom Motor her. Da dieser jedoch nach wie vor nicht aussetzt, beschließt Garros, obwohl er eine Stunde hinter dem Zeitplan liegt, weiter zu fliegen. Er sorgt sich um den Benzinverbrauch, der sich durch das schlechte Wetter und den Gegenwind erhöht. Aus diesem Grund steigt er wieder höher, auf über 2500 Meter, denn in dieser Höhe ist der Benzinverbrauch niedriger. Jetzt fliegt er über das offene Meer in Richtung Tunesien.

Endlich kommt am Horizont der afrikanische Kontinent in Sicht. Garros hält es zwar nicht für nötig, aber die französische Marine – mittlerweile routiniert im Auffischen von Flugpionieren – hat 3 Torpedoboote vor der Küste im Einsatz, die Ausschau nach Garros halten und seine Ankunft erwarten. Als er die Boote sichtet, setzt er zum Sinkflug an, schwenkt in deren Richtung und landet nach 7 Stunden und 52 Minuten in Bizerte. Mit stotterndem Motor. Sein Tank ist so gut wie leer.

Roland Garros wurde gefeiert und die ganze Nation war stolz auf ihn, der als Erster den Non-Stop-Flug über das Mittelmeer erfolgreich durchgeführt hatte. Er berichtete, er habe in seiner Fliegerkarriere noch nie einen so schwierigen Flug erlebt. Zeitweise sei er völlig verloren gewesen in den Wolken – in 3000 Meter Höhe – und er habe nicht mehr gewusst, ob das Flugzeug vorwärts oder rückwärts fliege, ob er noch auf Kurs sei oder ob der Wind ihn abgetrieben habe. Die Geschichte von Garros geht noch weiter und wir werden später noch von ihm hören. Manche sagen, der Flug von Roland Garros, sei die letzte fliegerische Großtat vor dem ersten Weltkrieg gewesen. Auf jeden Fall war dies wieder ein großer Erfolg für einen französischen Piloten und natürlich auch für die französischen Flugzeugbauer.

Doch auch in England wurden nun Flugzeuge gebaut und geflogen. Hier versuchte sich mehr oder minder erfolgreich ein gewisser Alliot Verdon Roe (Avro) mit dem Bau von Flugzeugen. 1913 gelang ihm mit seinem Modell 504 ein großer Wurf. Bis zur Einstellung der Produktion im Jahr 1932 wurden über 10 000 Stück verkauft. Nicht ganz so erfolgreich war Samuel Franklin Cody, der angebliche Verwandte von William „Buffalo Bill" Cody. Er war nach Großbritannien ausgewandert und baute hier zuerst Flugdrachen (Cody's Mankite), dann Gleiter und schließlich Flugzeuge. Mit seinem Doppeldecker gewann er 1913 die British Empire Michelin Trophy. Im selben Jahr stürzte er mit seinem letzten Projekt, einem Wasserflugzeug, tödlich ab. Mit ihm starb auch sein Flugpassagier.

Kriegsvorbereitungen

Die Gebrüder Wright hatten ja schon 1905 ihren Military Flyer der US Army vorgestellt, die aber damals kein Interesse zeigte. Es gab zwar einzelne in der Army, die das Potential der Flugzeuge durchaus erkannten, sie konnten sich aber nicht durchsetzen. Erst im Jahr 1909 war die Technik so weit fortgeschritten, dass sich das Militär ernsthaft mit dem Flugzeug beschäftigte.

In Frankreich, bedingt durch die Führungsrolle in der Aviatik und die daraus entstandene nationale Flugzeugbegeisterung, hatte es das Flugzeug etwas leichter als beispielsweise im Deutschen Reich. Hier war die nationale Flugbegeisterung von Graf von Zeppelin und seinen Luftschiffen gepachtet. Ja, man stellte sich sogar die Frage, ob man überhaupt Flugzeuge anschaffen sollte, da der Bau von Luftschiffen schon vom Staat subventioniert wurde und daher nur wenig Geld für die neuartigen fliegenden „Drahtgestelle" übrig war. Die technische Weiterentwicklung wurde dennoch mit wachen Augen verfolgt. In den anderen Ländern, die angesichts der wachsenden Kriegsgefahr aufrüsteten, dauerte es noch bis 1908, bis man mit der Aufstellung von Flugstaffeln begann. Erstaunlicherweise waren es dann doch die USA, die am 10. Februar 1908 einen Wright Flyer bestellten.

Angesichts der fortschreitenden Entwicklung der Fliegerei und der aufgestellten Höchstleistungen und Rekorde konnten sich die großen Armeen nicht mehr verschließen.

In Deutschland sollte es allerdings doch bis Oktober 1910 dauern, bis die Versuchsabteilung der Verkehrstruppen grünes Licht gab und erstmals Flugzeuge für die Artilleriebeobachtung und Luftaufklärung beschafft wurden. Zuvor hatte der Inhaber der Albatros-Werke der neugegründeten provisorischen kaiserlichen Fliegerschule einen Farman-Doppeldecker zur Verfügung gestellt. Man wollte schließlich nicht hinter dem damaligen „Erzfeind" Frankreich zurückstehen. Dass Frankreich zu dieser Zeit bereits die erste offizielle Fliegertruppe aufstellte, zeigt, wie zurückhaltend Deutschland in dieser Frage war und wie sehr es sich auf die Zeppeline verließ. In Frankreich hingegen gab es schon eine Studie, die die baldige Überlegenheit der Flugzeuge über die Luftschiffe vorhersagte. Trotzdem zögerte man, ganz auf Flugzeuge zu setzen. In Deutschland sollten Flugzeuge Verbindungsaufgaben und die Luftaufklärung über dem Schlachtfeld übernehmen. Für Bombardierungen und Langstreckenaufklärung, auch über dem Meer, waren Zeppeline vorgesehen.

Zuerst mussten jedoch die Voraussetzungen für einen erfolgreichen Flugbetrieb geschaffen werden. Es wurde also eine Militär-Flugschule gegründet, da es bisher nur private Flugschulen gegeben hatte. Man verständigte sich auch auf die Flugzeugtypen, die eingesetzt werden sollten und erarbeitete Spezifikationen, die die zu beschaffenden Flugzeuge erfüllen sollten.

Diese Spezifikationen lauteten wie folgt:

1. Das Flugzeug musste einen Piloten und einen Beobachter tragen können. Außerdem sollte es Treibstoff für 4 Flugstunden aufnehmen können. Dazu kamen noch 40 kg für Bewaffnung, Munition usw.

2. Das Flugzeug sollte zwei Motoren haben, sodass beim Aussetzen eines Motors der Weiterflug mit dem anderen Motor sichergestellt war.

3. Die Durchschnittsgeschwindigkeit sollte mindestens 60 km/h betragen.

4. Das Flugzeug sollte sowohl vom Pilotensitz als auch vom Platz des Beobachters zu steuern sein. Es sollte gute Rundumsicht bieten, schnell zu warten und gut zu transportieren sein.

Kurzum, man forderte die „eierlegende Wollmilchsau".

Die Forderung nach den zwei Motoren wurde bald fallen gelassen, da inzwischen bessere, zuverlässigere Motoren zur Verfügung standen. Der am meisten eingesetzte Motor zu dieser Zeit war der französische Motor der Firma Gnôme, der aber durch zuverlässigere Motoren von Argus, Daimler und Benz ergänzt wurde. Der preussische Generalstab forderte alle staatlichen Stellen, die mit dem Luftfahrtwesen zu tun hatten, zu stärkerer Unterstützung der Industrie auf, um die Entwicklung der Fliegerei auch in Deutschland voranzutreiben.

Eine wichtige Person in der deutschen Fliegerei, war zu dieser Zeit der Flugplatzleiter von Berlin-Johannisthal, Major Georg von Tschudi (1862–1928). Von Tschudi hielt in Frankfurt am Main einen Vortrag, in dem auch er auf die missliche Lage der deutschen Flugzeugindustrie und die nachteiligen Folgen für die künftige Entwicklung und Ausbreitung in Deutschland hinwies. Sein Appell zog weite Kreise und gab dann 1912 den Anstoß zu dem Aufruf „Luftfahrt tut not", dem Aufruf zur nationalen Flugspende. Schirmherr war Prinz Heinrich. Vor dem Hintergrund der politischen Spannungen mit Frankreich wurde die Sammlung zu einem großen Erfolg. Sie brachte 7,25 Millionen Reichsmark ein. 2 Millionen davon nutzte man für die Gründung der Deutschen Versuchsanstalt für Luftfahrt und für den Ankauf von Flugzeugen. Das restliche Geld wurde für die Förderung der Luftfahrtindustrie, für Ankauf und Ausbildung von Piloten und für Preise und Prämien verwendet.

Die Rechnung ging auf. Es zeigte sich, dass deutsche Flieger durchaus zu den Standards der ausländischen Flieger aufschließen konnten. Mitte des Jahres 1914 wurden, bis auf den Geschwindigkeitsweltrekord, alle Rekorde von deutschen Piloten gehalten. Diese Leistungen waren auch wichtig, um sich gegenüber der Luftschifflobby zu behaupten. Im weiteren zeitlichen Ablauf wird man noch sehen, dass das ein richtiger Schritt war.

Flugzeuge? Diese komischen fliegenden Drahtkommoden, sie waren den alten Kriegern, die es gewohnt waren, ihre Schlachten mit Kavallerie und Säbeln auszutragen, nicht geheuer. Na gut, für die Aufklärung mochten sie nützlich sein, aber ansonsten? Es kam jedoch, wie es kommen musste. Weshalb sollte, was sich für die Aufklärung eignete, nicht auch zum Angriff taugen? So passierte es, dass am 1. November 1911 im italienisch-osmanischen Krieg in Libyen der Pilot einer italienischen Taube per Hand vier zwei Kilogramm schwere Cipelli-Granaten abwarf und zusätzlich den Gegner mit seinem Revolver beschoss. Zu dem Zeitpunkt waren seit dem Erstflug der Gebrüder Wright erst acht Jahre vergangen.

Welch eine Symbolik: Eine weiße unschuldige Taube bringt das Unglück auf die Erde! Es ist leider nicht bekannt, ob diese Bomben überhaupt einen Schaden verursacht haben oder ob die Wildwestknallerei des Piloten Leutnant Giulio Gavotti jemanden verletzt oder gar getötet hat. Man könnte dies aber als den eigentlichen Moment betrachten, in dem die Fliegerei ihre Unschuld verlor. Massenhinrichtungen, Deportationen und ein Pogrom an der arabischen Bevölkerung lassen den ersten provisorischen bewaffneten Einsatz eines Flugzeugs allerdings in den Hintergrund treten.

Nicht nur in Nordafrika zogen düstere Wolken auf. Es gärte in Europa. Ich möchte hier gar nicht näher auf den Ausbruch des ersten Weltkriegs und die Ursachen und Hintergründe eingehen. In wenigen Worten könnte man die damalige Situation folgendermaßen darstellen: Österreich und Russland waren sich wegen Serbien nicht einig. Deutschland stand in „Nibelungentreue" zu Österreich und somit gegen Russland und Serbien. Der englische König sah sich vom deutschen Kaiser – seinem Cousin – und dessen teurem Hobby, der hochgerüsteten kaiserlichen Marine, bedroht. Deutschland und Frankreich waren sich seit dem Krieg von 1870/71, den Deutschland gewonnen hatte, sowieso nicht mehr grün. Ein richtiges Pulverfass. Der Funken, der dieses Fass dann sprengte, war die Ermordung des österreichischen Thronfolgerpaares in der serbischen Hauptstadt Sarajevo am 28. Juni 1914. Bedingt durch den Imperialismus und die daraus resultierenden Kolonien und Bündnisse verbreitete sich diese Explosion über den ganzen Erdball und wurde zum Weltenbrand, der Ur-Katastrophe des zwanzigsten Jahrhunderts.

Krieg

Durch die Kriegserklärung änderten sich auch für die Fliegerei die Hintergrundbedingungen. Allerdings waren die Oberkommandos der Heere noch nicht im zwanzigsten Jahrhundert angekommen. Viele Militärs hatten die militärische Entwicklung einfach nicht richtig eingeschätzt. Bestes Beispiel dafür war eine Waffe, die auch für das Flugzeug zur bevorzugten Nahkampfwaffe werden sollte. Eine Erfindung eines Amerikaners: das Maschinengewehr.

Der Erfinder war Sir Hiram Stevens Maxim (1840–1916), gebürtiger Amerikaner und ehemaliger Chefingenieur der First Electric Lighting Company. Er entwickelte Edisons Glühbirne weiter und reiste 1880 nach Europa. Einer Anekdote zufolge war Maxim in Paris auf einer Elektrizitätsausstellung. Dort soll ihm jemand geraten haben, wenn er Geld verdienen wolle, müsse er etwas erfinden, womit sich die Europäer demnächst einfacher töten könnten. Ob diese makabre Geschichte erfunden ist oder der Wahrheit entspricht, weiß man nicht. Richtig aber ist, dass Maxim nach seinem Besuch in Paris in London eine Werkstatt einrichtete und 1885 ein fertiges funktionsfähiges Maschinengewehr präsentierte: Ein schnell feuerndes Gewehr, bei dem durch den Rückstoß der abgeschossenen Patrone automatisch wieder eine neue Patrone nachgeladen wurde.

Maxim hatte an alles gedacht. Den Lauf des Maschinengewehrs hatte er mit einem wassergefüllten Mantel versehen, so dass die permanente Kühlung des Laufs sichergestellt war. Dieser hätte sich andernfalls durch die vielen aufeinanderfolgenden Schüsse aufgeheizt und verbogen. Sogar neue Munition mit rauchlosem Schießpulver entwickelte er und ließ sie sich patentieren. Ein Maschinengewehr von Maxim hatte mit einer Rate von 500 Schuss pro Minute die Feuerkraft von 100 konventionellen Gewehren.

Bis zum ersten Weltkrieg hatten bereits 20 Nationen ihre Armeen mit Maschinengewehren ausgerüstet. Es war schon seit 1893 eingesetzt worden, jedoch nicht in so großen Schlachten wie jene, die ab 1914 in Frankreich ausgefochten wurden. Der Einsatz von Maschinengewehr und Artillerie zwang die Infanterie, sich in den Boden einzugraben. Der Krieg wurde zum Stellungskrieg, einem Menschen verschlingenden Abnutzungskrieg. Nie wieder wurde mehr Artilleriemunition verschossen als in diesem Krieg. Hunderttausende Soldaten wurden von Befehlshabern, immer wieder in die gegnerischen Maschinengewehrsalven geschickt und verheizt.

Ein effizienteres Mittel musste her, um die Gräben wertlos zu machen. Deshalb wurden immer andere, noch grausamere Tötungswerkzeuge erfunden. Makaber war auch der Name „Grabenfeger" für eine andere neue Feuerwaffe, die 1918 in den Dienst genommene Maschinenpistole Bergmann MP18. Sie vereinte eine hohe Feuergeschwindigkeit mit der Munition von Pistolen und hatte den Vorteil, kleiner und leichter zu sein als ein Gewehr oder Karabiner. Doch weder die Maschinenpistole noch der neu erfundene Panzerkampfwagen lösten das Problem der Grabenkriege. Also wartete der menschliche Erfindungsgeist mit weiteren Ideen auf und es entstand für den Nahkampf in den Gräben und Bunkern eine weitere Waffe: der Flammenwerfer. Hiermit zeigte der Krieg seine hässlichste Fratze. Doch wenn man glaubte, eine Steigerung der Tötungsmaschinerie sei nicht mehr möglich, wurde man eines Besseren belehrt. In diesem Fall durch die Erfindung und den Einsatz von Giftgas. Die Soldaten, die sich vor dem feindlichen Beschuss in einen der zahlreich vorhandenen Bombentrichter flüchten wollten, sprangen oftmals direkt in eine der Giftgaswolken, die sich am Boden der Trichter sammelten. Aber auch diese Waffe verhalf keiner Seite zu einem kriegsentscheidenden Vorteil.

Nach diesem kurzen Bericht über die Schrecken des Krieges am Boden sollen jetzt aber wieder die Flieger in den Vordergrund treten. Denn der Krieg fand ja nicht nur am Boden statt, sondern auch auf dem Wasser und in der Luft.

Luftkrieg

Die Fliegerbataillone unterstanden der Inspektion der Fliegertruppen in Berlin, waren aber auf elf Fliegerstationen über das ganze Reichsgebiet verteilt. Die Fliegerbataillone waren zu je drei Kompanien aufgestellt. Am 1. Oktober 1912 wurde die provisorische Fliegertruppe offiziell und hieß nun Königlich Preußische Fliegertruppe. Bayern folgte mit der Königlich Bayerischen Fliegertruppe. Später, im Jahr 1913, wurde in Danzig auch eine Marineflieger-Abteilung aufgestellt. Hier galten dann andere Parameter für die Leistungen und Ausrüstungen der Flugzeuge als für die über Land eingesetzten Flugzeuge.

Bei der Mobilmachung verfügte Deutschland über ca. 450 Flugzeuge (270 Doppeldecker und 180 Eindecker) von denen nur 250 im Krieg verwendbar waren. Bayern hatte bis zur Mobilmachung knapp 100 Maschinen im Bestand. Am 2. August standen 254 geschulte Flugzeugführer und 271 Beobachter bereit. Der Verbündete Österreich-Ungarn kam auf 39 Flugzeuge. Großbritannien hatte im Jahr 1912 das Royal Flying Corps gegründet und zählte über 150, Russland über 350 Flugzeuge. Deutschlands damaliger „Erzfeind" Frankreich bot 130 Flugzeuge auf.

Zu Beginn des Krieges nahmen Flugzeuge fast ausschließlich Aufklärungsaufgaben wahr. In Einzelfällen wurden auch Bomben abgeworfen. Per Hand. Es entwickelten sich verschiedene Typen von Aufklärern, so war die schon besprochene Taube ein leichter Aufklärer des Typs A. Es gab auch die Typen B und C, die jeweils etwas größer und leistungsfähiger waren. Bei den größeren Typen waren die Flugzeuge von Albatros sehr beliebt und erfolgreich. Diese Typen waren im Gegensatz zur Taube Zweisitzer. Der Pilot saß auf dem hinteren Sitz, davor der Beobachter und vor diesem befand sich der Motor. Die Aufklärer auf der Gegenseite waren in ähnlicher Weise konstruiert. Es gab aber auch schon Modelle, bei denen der Motor hinter Pilot und Beobachter angebracht war und der Propeller als Druckpropeller arbeitete. Die gegnerischen Parteien beschossen sich gegenseitig aus dem Flugzeug heraus mit Pistolen und Gewehren. Erfolge, wie etwa der Abschuss eines deutschen Aufklärers, waren dabei selten. Schließlich wurden in den französischen Aufklärern die Beobachter mit Maschinengewehren ausgerüstet. Dazu tauschten Pilot und Beobachter die Plätze. Das Maschinengewehr wurde auf dem hinteren Sitz auf einem drehbaren Ring angebracht. Es war somit sehr beweglich und der Beobachter konnte die Bereiche hinter dem Flugzeug und seitlich davon unter Feuer nehmen. Dies wurde für die deutschen Piloten in ihren Typ B-Aufklärern zur Gefahr, sodass die Aufklärung auf die stärker motorisierten C-Typen verlagert wurde, die dank ihrer starken Motoren höher fliegen konnten. Diese Entwicklung gipfelte in den ersten Groß- und Riesenflugzeugen mit mehreren starken Motoren.

Da sich der Krieg in Frankreich quasi eingegraben hatte, wurde die Luftaufklärung immer wichtiger, sowohl über dem Meer als auch auf dem Land. Für die Nahaufklärung über dem Meer wurden Flugzeuge, für die Fernaufklärung aber Zeppeline eingesetzt. Die englische Flotte wurde von den Zeppelinen in Angst und Schrecken versetzt, da die Luftschiffe ja auch Bomben mit an Bord hatten und die Kriegsschiffe damals noch über keine moderne Flugabwehr verfügten. Das führte dazu, dass die Home Fleet sich nicht zu weit auf See hinauswagte. An dieser Stelle muss gesagt werden, dass die Bombardements der Zeppeline in keiner Weise die Auswirkungen hatten, wie man sie von den Bombardements des zweiten Weltkriegs kennt. Es wurden zwar Schäden verursacht, aber die waren eher, wie zuvor schon erwähnt, psychologischer Natur. Im weiteren Verlauf des Krieges verloren die Zeppeline jedoch ihren Schrecken, sie wurden sogar immer mehr zu einer leichten Beute für Flugzeuge.

Der Nahbereich der Front wurde nicht nur durch Flugzeuge aufgeklärt, sondern auch durch Fesselballone. Die Ballone waren gasgefüllt, also Charlieren (leichter als Luft) die mit einem Seil im Boden verankert und per Seilwinde steigen gelassen wurden. Die Beobachter gaben dann ihre Erkenntnisse per Kabel zur Feuerleitstelle durch. So konnte die Artillerie ihre Ziele genau ins Visier nehmen. Die Beobachter registrierten die Einschläge und korrigierten dann die Zielkoordinaten. Ebenso erfolgte die Aufklärung auch aus dem Flugzeug, nur mit dem Unterschied, dass die Nachrichten nicht durch Kabel oder Funk direkt weiter gegeben werden konnten. Für die Aufklärung gegnerischer Stellungen wurden auch bereits hochempfindliche Kameras eingesetzt.

Erfolgreicher Angriff eines deutschen Fliegers auf einen feindlichen Fesselballon.
1. Das deutsche Flugzeug überfliegt den Ballon. 2. Der Ballon ist durch die Brandgeschosse des Fliegers in Brand geraten. 3. Die Überreste des Ballons stürzen brennend ab.
Nach Aufnahmen eines deutschen Fliegers.

Die schwere deutsche Artillerie war der gegnerischen überlegen. Die großen Eisenbahngeschütze mit Reichweiten von über 60 Kilometern oder die beiden „Paris-Geschütze" mit 130 Kilometern Reichweite waren unerreicht. Der mittlere Weitenbereich erstreckte sich von 9 bis 27 Kilometer. Hier waren für die Feuerleitkoordinaten doch eher Flugzeuge oder Zeppeline gefragt.

Die neuesten Aufklärermodelle mit Zugpropeller – hier befanden sich wie üblich Motor und Propeller vor dem Piloten – waren mit Maschinengewehren für den Beobachter ausgerüstet, der hinter dem Piloten saß. Er bediente das Maschinengewehr, das in einer Drehlaffette montiert war.

Piloten wurden zu Kampffliegern. Sie wollten nun die gegnerischen Flugzeuge direkt bekämpfen können, ohne das Gewicht eines Beobachters mitschleppen zu müssen. Man konnte dafür auch keine schwerfällige Taube gebrauchen, sondern leichte, wendige Flugzeuge, die dennoch stabil genug waren, um den Belastungen eines Luftkampfes standzuhalten. Es zeigte sich auch, dass man, um ein anderes Flugzeug sicher abschießen zu können, mit dem ganzen Flugzeug zielen musste und die Maschinengewehre vor dem Pilot, auf dem Rumpf liegend, montiert sein sollten. Das wiederum bedeutete, dass die Schüsse eigentlich durch den sich drehenden Propeller erfolgen mussten.

Ein Leutnant des Royal Flying Corps hatte sich einen Karabiner so an seinem Flugzeugrumpf befestigt, dass der Propeller durch das Abfeuern des Karabiners nicht beschädigt wurde. Er war der Ansicht, dass, sobald ein feindlicher Flieger in einem bestimmten Winkel vor seinem Flugzeug auftauchte, er einfach nur noch abdrücken müsste. Doch weit gefehlt. Um ein bewegliches Ziel wie ein Flugzeug zu treffen, muss man vor das jeweilige Ziel schießen, da sich ja in der Zeit zwischen Abschuss und Auftreffen des Projektils das Ziel weiter vorwärts bewegt. Man muss also mit dem Schuss vorhalten, um das Ziel dann zu treffen, wenn es an diesem Punkt angekommen ist. Die Methode des britischen Leutnants war deshalb zum Scheitern verurteilt.

In Frankreich und England hatte man sich schon vor Kriegsbeginn mit dem Thema „Schießen durch den Propellerkreis" beschäftigt. In Deutschland hatte Flugpionier August Euler sich bereits 1910 dem Thema genähert und ein Druckpropellerflugzeug mit starr eingebautem Front-Maschinengewehr gebaut. Sowohl in Deutschland, als auch in Frankreich bei der Firma Morane-Saulnier, arbeitete man sogar schon an einem Unterbrechergestänge, das die Maschinengewehrsalve jeweils in dem Moment unterbrechen sollte, wenn sich ein Propellerblatt vor dem Gewehrlauf befand. In Deutschland sah man dafür noch keine Notwendigkeit.

Roland Garros, der 1913 als erster das Mittelmeer überquert hatte, war bei Ausbruch des Krieges Gast einer Flugschau in Deutschland. Da er nicht in Deutschland interniert werden wollte, floh er in einer Nacht- und Nebelaktion mit seinem Flugzeug in die Schweiz und von dort nach Frankreich. Dort meldete er sich als Flieger freiwillig zum Kriegsdienst. Er wurde als Leutnant bei der Esquadrille Morane-Saulnier 23 an der Westfront eingesetzt. Da es, wie oben beschrieben, nur sehr schwer möglich war, feindliche Aufklärer oder Fesselballone abzuschießen, dachte Garros über Abhilfe nach und ersann im Frühjahr 1915 eine Technik, die zwar etwas abenteuerlich erschien, aber doch funktionierte. Die Propeller seines Flugzeuges wurden auf der Höhe des Maschinengewehrlaufs mit kleinen Metallplatten versehen. Auch wurden die Propeller an dieser Stelle etwas anders geformt, damit eventuelle Querschläger nicht den Piloten, Motor oder Wasserkühler treffen würden. So ausgerüstet konnte Garros im Frühjahr 1915 seinen ersten Luftsieg in einem richtigen einsitzigen Jagdflugzeug, einer Morane-Saulnier L, erringen. Das abgeschossene Flugzeug war eine deutsche Albatros. Garros war seiner eigenen Aussage nach schockiert, als er den Gegner als brennendes Wrack abstürzen sah. Was ihn jedoch nicht hinderte, noch zwei weitere Abschüsse zu erzielen, er war somit einer der ersten Jagdflieger.

Nachteilig an diesem Propellerabweisersystem war, dass immer wieder Geschosse den Propeller trafen. Dieser nahm zwar keinen Schaden, doch lockerte sich die Verschraubung der Propellernabe. Wurden die Schrauben nicht rechtzeitig wieder festgezogen, kam es zum Verlust des Propellers. Für die deutschen Flugzeuge war diese Lösung nicht umzusetzen, da die deutsche Munition (Stahlmantelgeschosse) härter war als die französische und den Propeller trotz Abweiserplatten durchschlagen hätte. Insgesamt 50 Flugzeuge der Modelle L und M von Morane-Saulnier wurden mit den Abweisern ausgerüstet. Im Frühjahr 1915 galten sie als die führenden Jagdflugzeuge.

Am 18. April 1915 musste Garros, wegen einer zerschossene Benzinleitung nach einem Angriff auf einen Bahnhof hinter den feindlichen Linien notlanden und geriet in deutsche Gefangenschaft. Sein Flug-

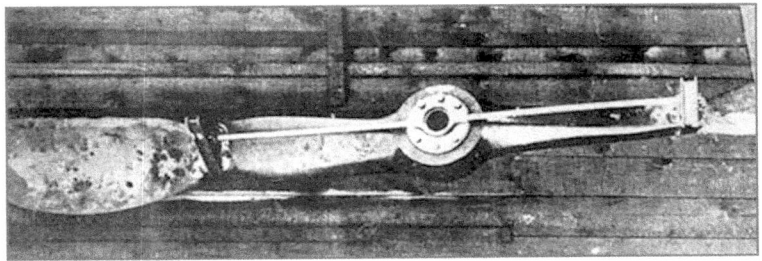

zeug blieb intakt und wurde untersucht. Roland Garros musste bis 1918 in der Gefangenschaft ausharren, erst dann konnte er fliehen. In Frankreich angekommen nahm er Flugstunden, um seine eingerosteten Flugkünste wieder aufzufrischen, und trat erneut der französischen Luftwaffe bei. Wieder errang er einen Luftsieg, wurde aber im Oktober 1918, kurz vor Kriegsende, abgeschossen und starb. Ihm zu Ehren wurde 1928 das neue Tennisstadion in Paris Stade Roland Garros benannt.

Die Untersuchung der Maschine von Roland Garros brachte nicht nur die Abweiserplatten auf dem Propeller ans Licht, sondern auch das von Morane-Saulnier entwickelte und nicht aktivierte Unterbrechergestänge. Das Unterbrechergestänge wurde nicht eingesetzt, da die in Frankreich verwendeten Maschinengewehre den Gasdruck nutzten, der das Geschoss aus dem Lauf treibt, um nachzuladen. Dieses Prinzip war aber zu unpräzise, um das Schießen genau dann zu unterbrechen, wenn der Propeller sich vor dem Lauf befindet. Die von den Deutschen verwendeten Maschinengewehre waren nach dem Prinzip von Hiram Maxim gebaut. Sie nutzten den entstehenden Rückschlag, um automatisch nachzuladen. Dieses Prinzip funktionierte exakter, sodass das Unterbrechergestänge korrekt gesteuert werden konnte.

Der holländische Flugzeugkonstrukteur Antony Fokker (1890–1939) nahm das Unterbrechergestänge in Augenschein. Binnen zwei Tagen hatten er und seine Mitarbeiter Heinrich Lübber und Kurt Heber das Rätsel der unterschiedlichen Systeme der Maschinengewehre gelöst und konnten ein einwandfrei funktionierendes Unterbrechersystem in ihre Flugzeuge einbauen.

Es ist angerichtet

Schon am 18./19. Mai 1915 konnte Fokker dem Generalstab der kaiserlichen Luftstreitkräfte „seine" Erfindung erfolgreich im neuesten Fokker-Einsitzer vorführen. Und wie nicht anders zu erwarten war, wurde die Fokker zu einem großen Erfolg. Die deutschen Jagdflieger hatten die Lufthoheit. Die Fokker E.I war das erste richtige Jagdflugzeug, das durch den Propellerkreis schießen konnte. Vom fliegerischen Aspekt her war die Fokker kein großer Wurf. Sie war ein leichter Eindecker, der sich vom Design her an die Morane-Saulnier H anlehnte. Sie war noch immer mit Flügelverwindung anstatt Querruder zu steuern und eigentlich als Aufklärer geplant. Mit dem MG mutierte sie dann jedoch zum Jagdflugzeug.

Somit konnten sich jetzt auch die Soldaten in der Luft auf einfache Weise am Töten beteiligen. Es war eine andere Art zu kämpfen und zu sterben als bei der Infanterie. Hier gab es keine Gräben, keine Panzer, kein Giftgas. Dafür konnte man sterben, ohne dass man selbst getroffen wurde. Fallschirme wurden erst ab 1918 gebräuchlich!

Nicht einmal zwölf Jahre waren vergangen, seit es den Gebrüdern Wright gelungen war, den langersehnten Wunsch des Menschen wahr zu machen, sich den Vögeln gleich in die Lüfte zu schwingen und den Himmel zu erobern. Nicht einmal zwölf Jahre hatte es gedauert bis diese Errungenschaft, für die so viele Menschen unbeschreibliche Opfer gebracht hatten, benutzt wurde, um Menschen zu töten. Ja, es wurden auch vor dem Erstflug der Fokker E.I schon Menschen durch Flugzeuge getötet, aber diese Angriffe waren eher improvisierte Aktionen, die mit nicht für diesen Zweck konstruierten Flugzeugen ausgeführt wurden. Die Fokker jedoch war nur für einen bestimmten Zweck gebaut worden und sie wurde nur zu diesem Zweck geflogen: zum Töten. So wurde das Flugzeug, quasi über Nacht „erwachsen" und verlor seinen Nimbus wie viele andere Erfindungen auch, die zum Wohl der Menschheit gemacht, aber am Ende vor allem dazu genutzt wurden, die Menschheit zu dezimieren. Wie so vieles, was den Kinderschuhen entwächst, verlor das Flugzeug seine Unschuld. Seit dem Mai 1915 klebt Blut an der Idee vom Fliegen.

Das Flugzeug wurde seitdem von Menschen zum Töten von Menschen benutzt. Eigentlich wäre die Geschichte hier nun zu Ende. Wir sollten uns aber ansehen, wie es weiterging. Bei den vielen Dokumentationen im Fernsehen über den ersten Weltkrieg wird hauptsächlich über die schrecklichen Ereignisse auf den Schlachtfeldern am Boden berichtet. Dort wurden extreme Schlachten unter unvorstellbaren Bedingungen geführt. Die sogenannte „Fokkergeißel" wird oft nur als Fußnote genannt. Deswegen ist es interessant zu erfahren, wie es mit der Jagdfliegerei nach dem Verlust der Unschuld weiterging.

Die ernst zu nehmenden Gegner aus Frankreich mussten bis zum Mai 1916 warten, um in den Genuss des durch den Propellerkreis schießenden MGs zu kommen. Bis dahin behalfen sie sich weiter mit Abweiserplatten. Den Briten gelang es bereits im Dezember 1915, durch den Propellerkreis zu schießen. Sie hatten in der Zwischenzeit auf Flugzeuge mit Druckpropeller gesetzt, bei denen zwei Mann Besatzung notwendig waren. Diese Flugzeuge hatten den Motor hinter dem Piloten, der Propeller befand sich dadurch hinter den Tragflächen. Dadurch konnte der vor dem Pilot sitzende Beobachter, ein nach vorne feuerndes Maschinengewehr bedienen. Anfangs waren diese Modelle der Fokker E-Baureihe noch ebenbürtig, mit fortschreitender Entwicklung gerieten sie aber mehr und mehr ins Hintertreffen und waren bald veraltet.

Der Vorteil der Flugzeuge mit Schubpropeller, nämlich das nach vorne schießende Maschinengewehr, war gleichzeitig auch ein Nachteil. Bei einem Flugzeug, bei dem der Motor vorne liegt, verstärkt der Propeller noch den Luftstrom des Fahrtwinds. Das hat den Effekt, dass die Querruder und die Tragflächen bei der Steuerung noch unterstützt werden. Das Flugzeug ist besser manövrierbar. Dieser Effekt blieb bei den Flugzeugen mit Druckpropeller aus.

In Frankreich ließ man sich gar nicht auf die Druckpropeller ein, sondern setzte auf Doppeldecker-Jagdflugzeuge, die den Motor vorne montiert hatten. Hier waren die Firmen Nieuport und Deperdussin mit der SPAD sehr erfolgreich, auf englischer Seite Sopwith, Royal Aircraft Factory, Avro. In Deutschland wurden, außer von Fokker auch von den Firmen Albatros, Pfalz, LVG und Halberstadt Jagdflugzeuge gebaut. Die Aufzählung ist keineswegs vollständig, es seien hier nur die bekanntesten und erfolgreichsten genannt.

So wie sich aus dem Flyer der Gebrüder Wright nun die Aufklärer und Jagdflugzeuge entwickelt hatten, entwickelten sich im Krieg noch für andere Zwecke spezielle Typen und Unterarten: Bomber und Fernaufklärer, die teilweise riesige Dimensionen mit Spannweiten von bis zu 50 Metern erreichten; Wasserflugzeuge; und ein spezielles Erdkampfflugzeug, das die Landser in den Schützengräben aus der Luft unterstützen sollte. Dieses Flugzeug, Junkers J.I, war wie alle Flugzeuge, die Junkers selbst herstellte, aus Wellblech gebaut. Die J.I war überhaupt das erste ganz aus Metall gefertigte Flugzeug. Es erwies sich zwar, dass die J.I, bedingt durch ihre Metallkonstruktion, für ein Jagdflugzeug zu langsam und behäbig war, doch konnte sie dadurch auch viel mehr an Beschuss einstecken als die mit Stoff bespannten „Drahtkommoden" der Jagdflieger. Demzufolge wurde sie als Infanterieflugzeug bezeichnet. Heute würde man sie Erdkampfflugzeug nennen.

Entsprechend der wachsenden Zahl der Flugzeuge wuchs nun auch der Bedarf an Piloten. So kam es, dass junge Männer aus den verschiedensten Waffengattungen sich bei der Fliegertruppe trafen. Die Bewerber kamen aus allen Gesellschaftsschichten, vom jungen unbeschwerten Landadel über den Student bis zum Berufssoldat. Nach den ersten erfolgreichen Abschüssen kristallisierten sich auf beiden Seiten die ersten Namen heraus, die dann als Fliegerasse bezeichnet wurden. Der Begriff Fliegerass wurde durch die französische Presse aus der Taufe gehoben, nachdem Adolphe Pégoud fünf deutsche Gegner im Luftkampf besiegt hatte. Diese Wortschöpfung wurde dann von der britischen Propaganda übernommen („Fighter Ace"). Auch im italienischen Sprachgebrauch bürgerte sich dieser Begriff ein („Asso dell' Aviazione"). Ein Jagdflieger durfte sich nach fünf Abschüssen als „As" bezeichnen. Im kaiserlichen Deutschland setzte sich der Begriff nicht durch. Hier wurden die erfolgreichen Jagdflieger mit dem „blauen Max", dem Orden Pour le Mérite, ausgezeichnet. Wie später auch im Zweiten Weltkrieg wurden die erfolgreichsten Piloten von der Propaganda vereinnahmt und hochstilisiert.

Das Leben der Piloten wurde mit fortwährender Dauer des Krieges immer schwerer. Sie hatten es zwar leichter als die Soldaten in den Schützengräben und Unterständen, die das Grauen des Krieges auf dem Schlachtfeld ständig deutlich vor Augen hatten. Die höherrangigen Piloten genossen sogar viele Privilegien, vor allem was Unterkunft und Verpflegung anbetraf. Doch war die Lebenserwartung eines Piloten noch kürzer als die der Landser in den Gräben. Es wurde zwar schon erwähnt, aber ich möchte es hier noch einmal verdeutlichen: Die Flieger im ersten Weltkrieg waren erst gegen Ende des Krieges mit einem Fallschirm unterwegs. Hatten sie also den Angriff eines Feindflugzeugs oder der – noch immer spärlichen – Flugabwehrgeschütze unversehrt an Leib und Leben überstanden, waren sie doch dem Tod geweiht, wenn ihr Fluggerät zuviel Schaden genommen hatte und abstürzte. So kamen und gingen viele junge Piloten, die nicht genug Zeit hatten, um sich die zum Überleben notwendigen Tricks anzueignen. Wie überall gab es aber auch hier die Typen, die den Krieg als Abenteuer begriffen und sich vorbehaltlos selbst in Gefahr brachten. Dies soll hier anhand von Kurzbiographien berühmter Piloten beschrieben werden, um zu zeigen, wie zynisch der Idealismus derer, die für die Fliegerei Leib und Leben riskierten, ausgenutzt wurde. Am Ende waren auch die Piloten, wie die Soldaten am Boden, nur dazu da, den Gegner mit aller Kraft zu vernichten – zu töten, oder selbst getötet zu werden.

Obwohl sie jeden Tag aufstiegen um sich gegenseitig umzubringen, herrschte unter den Jagdfliegern beider Seiten ein Ehrenkodex. Sie brachten einander Achtung entgegen, benahmen sich fair und sportlich. So erhoben sie das gegenseitige Töten zu einer Art ritterlichem Turnier. Es kam zu Begegnungen, deren Ausgang man so nicht erwartet hätte. Man kondolierte auf beiden Seiten mit abgeworfenen Kränzen, wenn ein herausragender Pilot begraben wurde.

Alle Piloten hatten zwar die gleiche Basis-Ausbildung erhalten, manche dieser jungen Piloten hatten jedoch besondere Begabungen oder ein besonderes Gespür für diese neue Art, in den Krieg zu ziehen.

Die erfolgreichsten Piloten wurden von der Propaganda zur Heldenverehrung „frei gegeben". Heute würde man sagen „gehypet". Helden, das waren bis dahin immer nur die Heerführer gewesen, die große Schlachten gewonnen hatten. Oder einzelne, die durch einen besonders gefährlichen Alleingang von sich reden gemacht hatten. Jetzt gab es Helden, die keine Generäle, Kapitäne oder Feldmarschälle waren. Im folgenden Kapitel wird anhand von Kurzbiografien und Anekdoten die weitere Entwicklung bis zum Ende des ersten Weltkriegs gezeigt.

Albatros D.III

Technische Daten Albatros D.III

Spannweite:	9,05 m
Länge:	7,33 m
Höhe:	2,98 m
Leergewicht:	722 kg
Höchstgeschwindigkeit:	165 km/h
Motor:	Mercedes, 6-Zylinder, 175 PS
Bewaffnung:	2 starre LMG 08/15, 7,92 mm

Die ersten Jagdflieger

Deutschland

Der rote Baron, Manfred von Richthofen, der in der Comicserie „Peanuts" mit Hund Snoopy und seiner fliegenden Hundehütte in einen „Dogfight" verwickelt wird, ist der wohl bekannteste von allen Jagdfliegern des ersten Weltkriegs. Einer seiner Nachfolger als Geschwaderführer, Hermann Göring, ist zwar auch nicht vergessen, jedoch aus ganz anderen Gründen. Noch ein Mitglied dieses Geschwaders, Ernst Udet, war ebenfalls ein sehr erfolgreicher Jagdflieger, sein Name ist aber wohl nur den wenigsten bekannt. Auch dass er das reale Vorbild der Titelfigur in Carl Zuckmayers Bühnenstück „Des Teufels General" ist, werden die wenigsten wissen.

Diejenigen deutschen Piloten des ersten Weltkriegs, die durch ihre fliegerische Begabung und überragenden Fähigkeiten, der Fliegerei, besser gesagt, der Jagdfliegerei, ihren Stempel für alle Zeiten aufgedrückt haben, sind aber Max Immelmann und Oswald Boelcke.

Max Immelmann

Geboren am 21. September 1890 in Dresden als Sohn eines wohlhabenden Industriellen, zeigte er schon früh großes Interesse an technischen Dingen. 1905 trat er im Range eines Kadetten in die sächsische Armee ein. Es hielt ihn nicht lange dort, da ihm schnell langweilig wurde, und so quittierte er 1912 den Dienst und begann ein Maschinenbaustudium.

Immelmann fand sich 1914, nach der Mobilmachung, wieder bei seinem alten Eisenbahnregiment ein, das er als Offiziersanwärter verlassen hatte. Noch vor Kriegsausbruch am 18. August 1914 hatte er schon seine Versetzung zu den Fliegertruppen beantragt.

Diesem wurde im November 1914 stattgegeben. Im Februar 1915 hatte er sein Flugzeugführerpatent in der Tasche und wurde zur Feldfliegerabteilung 10 in die Ardennen versetzt.

Doch auch dort hielt es ihn nicht lange und schließlich fand er sich bei der Feldfliegerabteilung 62 wieder. Hier hatte er Gelegenheit, mit dem neuen Jagdflugzeug Fokker E.I zu fliegen und es dauerte auch nicht lange, bis er mit Hilfe des Maschinengewehrs, das durch den Propellerkreis schießen konnte, seinen ersten Jagderfolg erzielte. Am 1. August 1915 schoss er eine englische Be2 Quirks ab. Sein erster Luftsieg. Der englische Pilot und der Beobachter überlebten und wurden gefangen genommen. Dafür erhielt Immelmann das Eiserne Kreuz I. Klasse. Bis Ende des Jahres gelangen ihm noch sieben weitere Luftsiege bei seinen ausgedehnten Flügen über der Front bei Lille. Die Front überqueren durfte er nicht, da die Technik der Maschinengewehr-Synchronisation noch streng geheim war. Die Landser, die ihn aus den Schützengräben beobachteten, gaben ihm den Namen „Adler von Lille".

Mit der Zeit stellte sich heraus, dass Immelmann ein exzellenter Flieger war, der eigene Taktiken für die Jagdfliegerei entwickelte. Er begriff, dass das Fliegen im dreidimensionalen Raum stattfindet, und dass es um mehr geht als nur um oben und unten, links und rechts. Er „spielte" mit Geschwindigkeit, nutzte die Wendigkeit seines Flugzeugs voll aus und erkannte, dass er auf diese Art seine Gegner viel leichter ins Visier nehmen konnte. So flog er in sanftem Sturzflug und nahm dadurch hohe Fahrt auf, um anschließend steil nach oben zu ziehen und sofort danach eine steile Kurve zu fliegen. So kam er direkt aus der letzten Kurve heraus viel schneller in eine gute Schussposition. Optimal war es dann, das Heck des feindlichen Flugzeugs direkt vor dem Lauf des Maschinengewehrs zu haben. Auch entdeckte er, dass der Gegner ihn nahezu unmöglich entdecken konnte, wenn er ihn mit der Sonne im Rücken angriff. Er entwickelte Luftkampftaktiken, die bis heute gültig sind. Ein Luftkampf bedeutete damals vor allem eines: herumkurven und versuchen den Gegner auszumanövrieren. Die deutschen Piloten sprachen von „Kurbeleien", die englischen von „Dogfights", da sich die Flugzeuge wie kämpfende Hunde umkreisten und belauerten, um in eine günstige Angriffsposition zu kommen.

Immelmanns Erkenntnisse und herausragende Leistungen brachten ihm den „blauen Max" ein. Gemeinsam mit Oswald Boelcke setzte sich Immelmann dafür ein, dass in den kaiserlichen Fliegerabteilungen nun auch reine Jagdeinheiten aufgestellt wurden. Diese Maßnahme brachte natürlich eine deutliche Steigerung der Kampfkraft in der Luft. Vergessen darf man aber nicht, dass diese Erfolge auch erst durch die mit dem Propeller synchronisierten MGs der Fokker-Flugzeuge möglich wurden. Dieses Geheimnis konnte allerdings nicht allzu lange bewahrt werden. Es wurde dem Feind offenbart, als ein Jagdflieger sich im Nebel hinter die feindlichen Linien verirrt hatte und notlandete. So war der große Vorteil bald keiner mehr und die Alliierten schlossen langsam aber sicher auf. Bis zum Sommer 1916 sollten die kaiserlichen Fliegertruppen die Luftherrschaft verlieren.

Max Immelmann zeigt sich davon aber unbeeindruckt und eilt von Luftsieg zu Luftsieg. Bis zum 18. Juni 1916, als er und drei weitere Piloten mit ihren Fokkerjägern in einen Luftkampf mit britischen Zweisitzern verwickelt werden. Immelmann erringt seinen 16. Luftsieg, der aber nie offiziell bestätigt wird, da kurz danach ein bis heute nicht geklärtes Unglück geschieht. Nach Zeugenaussagen bricht das Heck seines Eindeckers ab und durch die Instabilität der Struktur des Flugzeugs brechen auch die Tragflächen ab und Immelmann stürzt ab. Ob der Absturz durch Beschuss vom Boden oder durch Materialermüdung verursacht worden ist, wird sich auch nicht mehr klären lassen. Immelmanns sterbliche Überreste sind unter dem Flugzeugwrack begraben und er kann nur noch anhand der eingestickten Initialen auf seinem Taschentuch identifiziert werden. Sein Tod löst große Anteilnahme und Trauer in der Öffentlichkeit aus.

Immelmann wurde nur 25 Jahre alt. Doch sein Name ist bis heute unvergessen. Bei der Bundesluftwaffe trägt heute noch das Luftwaffengeschwader 51 seinen Namen.

Oswald Boelcke

Oswald Boelcke wurde am 19. Mai 1891 in Giebichstein im Saalekreis geboren und wuchs in Dessau auf. Sein Vater war Gymnasiallehrer. Nach der Schulzeit, die er mit dem Abitur abschloss, trat er 1911 in die Armee ein und war zunächst als Fahnenjunker im Telegraphen-Bataillon Nr. 3 in Koblenz stationiert. Im Mai 1914 wechselte er, als frisch gebackener Offizier in die Fliegertruppe und erhielt eine Ausbildung zum Flugzeugführer. Ab April 1915 flog er einen Aufklärer in Frankreich an der Westfront. Am 4. Juli 1915 gelang es seinem Beobachter, ein gegnerisches Flugzeug, eine Morane-Saulnier Parasol, abzuschießen. Der Abschuss ging auf Boelckes Konto, da er ja der Pilot war. Der Beobachter hatte zwar geschossen, doch geflogen war Boelcke. Dieser Erfolg bestärkte ihn in der Idee, Flugzeuge zu regelrechten Jagdeinsätzen zu nutzen, den feindlichen Flieger ganz gezielt zu jagen und abzuschießen. Das war neu in der Fliegerei. Bisher waren Gefechte in der Luft eher aus zufälligen Begegnungen entstanden. Da kam es sehr gelegen, dass zu dieser Zeit auch die ersten Fokker E.I ausgeliefert wurden. Nun machte sich Boelcke alleine auf die Jagd nach anderen Flugzeugen.

Seinen zweiten Luftsieg, den ersten als Jagdflieger, errang Boelcke am 19. September 1915. Und so ging es dann Schlag auf Schlag weiter. Am 12. Januar verlieh Kaiser Wilhelm II Oswald Boelcke und dem mit ihm befreundeten Max Immelmann, den begehrtesten Orden, den Preußen zu der Zeit zu vergeben hatte, den Orden Pour le Mérite. Stets befanden sie sich im Wettstreit um den nächsten Abschuss, ein Wettstreit, der durch den Tod Max Immelmanns im Juli, nach 19 Luftsiegen, abrupt beendet wurde. Boelcke, der einzig nun verbleibende Luftkampfpionier, erhielt Startverbot. Der Generalstab wollte das verbliebene „beste Pferd im Stall" nicht auf's Spiel setzen und zog ihn aus dem Verkehr, in dem er ihn zu einer Inspektionsreise auf den Balkan schickte. Hier traf er auf höchste militärische Kreise, mit denen er die Weiterentwicklung der Jagdflieger erörtern konnte.

Während der Zwangspause wurde Boelcke zum Hauptmann befördert und erhielt das Kommando über die im August 1916 aufgestellte Jagdstaffel 2, kurz Jasta 2. Bei der Auswahl seiner Piloten hatte er freie Hand. Um die Staffel schnell an einen anderen Platz verlegen zu können, veranlasste er die Unterbringung der Flugzeuge und Mannschaften in Zelten.

Im September 1916 waren dann alle Pilotenschüler angetreten und Boelcke begann sie auszubilden. Unter seinen Schülern befanden sich unter anderen Baron Manfred von Richthofen und Erwin Böhme. Oswald Boelcke überließ bei der Ausbildung seiner Jagdpiloten nichts dem Zufall. Die Flugschüler wurden ohne Unterlass geschult. In Einzelgesprächen wurden mit ihnen Fehler besprochen und wie man diese vermeiden konnte. Boelcke stellte eine 8-Punkte-Regel auf, die man schnell verstehen und behalten konnte. Diese wurde später sogar in die Gefechtsvorschriften der Fliegertruppe übernommen und ist mit Abstrichen bis heute gültig:

DICTA BOELCKE

1. Sichere Dir die Vorteile des Luftkampfes (Geschwindigkeit, Höhe, zahlenmäßige Überlegenheit, Position), bevor Du angreifst. Greife immer aus der Sonne an.
2. Wenn Du den Angriff begonnen hast, bringe ihn auch zu Ende.
3. Feuere das MG aus nächster Nähe ab und nur, wenn Du den Gegner sicher im Visier hast.
4. Lasse den Gegner nicht aus den Augen, sich nicht durch Finten täuschen lassen.
5. In jeglicher Form des Angriffs ist eine Annäherung an den Gegner von hinten erforderlich.
6. Wenn Dich der Gegner im Sturzflug angreift, versuche nicht, dem Angriff auszuweichen, sondern wende Dich dem Angreifer zu.
7. Wenn Du Dich über den feindlichen Linien befindest, behalte immer den eigenen Rückzug im Auge.
8. Für die Staffel: Greife prinzipiell nur in Gruppen von 4 bis 6 an. Wenn sich der Kampf in lauter Einzelgefechte versprengt, achte darauf, dass sich nicht viele Kameraden auf einen Gegner stürzen.

So gut ausgebildet und motiviert wie die Piloten der Staffel waren, verwunderte es niemanden, dass sie sich im Kampf hervorragend schlug. Die Abschusszahlen bestätigten die Richtigkeit der Regeln, die der Staffelführer aufgestellt hatte. Allein Boelcke hatte bis Oktober 1916 schon 20 gegnerische Flugzeuge vom Himmel geholt.

Am 28. Oktober 1916 steigen 6 Flugzeuge der Jasta 2 auf, um einen Angriff englischer D.H.2-Jagdmaschinen abzufangen. Unter den Piloten sind auch Boelcke, von Richthofen und Böhme. Es sind jedoch nur zwei gegnerische Maschinen. Laut späterer Schilderung Manfred von Richthofens, stürzt er selbst sich auf die eine und Boelcke und Böhme attackieren gleichzeitig die andere D.H.2, ohne zu wissen dass sie beide dasselbe vorhaben. Böhme übersieht Boelcke und streift mit seinem Fahrwerk dessen Albatros. Dadurch lösen sich einige Spanndrähte an der Maschine. Höchstwahrscheinlich kann er seine Fokker in diesem Zustand nicht mehr steuern. Es dauert nicht lang und der Flügel bricht ab und Boelcke trudelt nach unten. Er schlägt relativ sanft auf, ist aber sofort tot. Da sie sehr schnell haben starten müssen, ist er nicht angeschnallt und hat keinen Helm auf. Vielleicht hätte er mit Helm und Gurt überlebt. Böhme, der mit Boelcke gut befreundet war, ist der unglücklichste Mensch auf Erden.

Nach Immelmann ist nun der zweite deutsch Jagdpilot von Rang und Namen zu Tode gekommen. Auch er ist wie sein Freund Max Immelmann nur 25 Jahre alt geworden. Bei seinem Begräbnis wirft ein britischer Flieger einen Kranz ab, auf dessen Schleife steht: „To the memory of Captain Boelcke, a brave and chivalrous foe" („In Gedenken an Hauptmann Boelcke, einen mutigen und ritterlichen Gegner.") Ihm zu Ehren wird die Jagdstaffel 2 umbenannt in Jagdstaffel Boelcke. Auch eine Staffel der Bundeswehr trug seinen Namen.

Freiherr Manfred von Richthofen

Die von Richthofens sind ein altes deutsches Adelsgeschlecht und lebten Ende des 19. Jahrhunderts in Breslau, Schlesien. Freiherr Albrecht von Richthofen und seine Frau Kunigunde hatten vier Kinder: Elisabeth, Manfred, Lothar und Bolko. Die Kinder wuchsen auf, wie es sich für den preußischen Landadel gehörte. Manfred verbrachte seine Zeit am liebsten mit Jagen und Reiten. Schon von frühester Jugend an nahm er an großen Jagdgesellschaften teil. Nachdem er im Frühjahr 1911 die Kadettenanstalt verlassen hatte, trat er als Fähnrich in das Ulaner-Regiment „Kaiser Alexander III. von Russland" (Westpreußisches) Nr. 1 ein. Nach weiterer Ausbildung wurde er im November 1912 zum Leutnant befördert. Zu Beginn des ersten Weltkriegs befand sich von Richthofen nicht im Flugzeug sondern auf einem Pferderücken an der russischen Grenze.

Nach wenigen Tagen wurde sein Regiment an die Westfront verlegt. Hier wurde er verstärkt bei Patrouillenritten zur Aufklärung hinter den feindlichen Linien eingesetzt. Im September 1914 wurde er als Nachrichtenoffizier zur 4. Armee versetzt, die zu dem Zeitpunkt vor Verdun lag. Doch von Richthofen wollte nicht im Stellungskrieg gefesselt sein, bat um Versetzung und kam als Ordonnanzoffizier zur 18. Infanterie-Brigade. Hier war er zumeist im Hinterland der Front eingesetzt und konnte wenigstens seinem liebsten Hobby, der Jagd, nachgehen, doch im Dienst fühlte er sich unterfordert. „Ich wurde vom Kämpfenden zum besseren Etappenschwein degradiert", schrieb er dazu in seinem Buch „Der rote Kampfflieger".

Nach einigen Monaten sollte es dann endlich richtig losgehen mit dem Kriegseinsatz. Eine Offensive stand an, doch von Richthofen wurde dazu verpflichtet, Verpflegung zu organisieren. Das schmeckte ihm überhaupt nicht, er schrieb das nächste Versetzungsgesuch an seinen kommandierenden General. Dem Gesuch wurde stattgegeben und so fand er sich Ende Mai 1915 bei der Fliegertruppe wieder.

Am 30. Mai 1915 begann er bei der Flieger-Ersatzabteilung 7 in Köln seine Ausbildung zum Beobachter. Nach einem Monat ging es weiter nach Dresden zu einem zweiwöchigen Praxislehrgang. Ab Juni 1915 wurde von Richthofen als Beobachter bei der Feldflieger-Abteilung 69 an der Ostfront eingesetzt, im August zur „Brieftauben-Abteilung" Ostende verlegt. Hier langweilte er sich keineswegs, denn die Brieftauben-Abteilung war nur eine Tarnbezeichnung für das erste Kampfgeschwader (Bomber) der Obersten Heeresleitung. Es waren Bombenangriffe auf England mit Bombern vom Typ AEG G geplant, doch dann stellte sich heraus, dass dieses Flugzeug nicht die nötige Reichweite hatte, um England zu bombardieren. Das musste man nach wie vor den Zeppelinen überlassen. So beschränkte man sich auf die Bombardierung des französischen Hinterlands und der Schiffe, die durch den Ärmelkanal fuhren.

Im September 1915 wurde von Richthofen zur anderen „Brieftauben-Abteilung" nach Metz versetzt. Während der Zugfahrt machte er im Speisewagen die Bekanntschaft von Oswald Boelcke. Von Richthofen schrieb darüber in seiner Biographie: „Zu gerne hätte ich erfahren, wie dieser Leutnant Boelcke das nun eigentlich machte. So stellte ich an ihn die Frage: ‚Sagen Sie mal bloß, wie machen Sie's denn eigentlich?' Er lachte sehr belustigt, dabei hatte ich aber wirklich ernst gefragt. Dann antwortete er mir: ‚Ja, Herrgott, ganz einfach. Ich fliege eben ran und ziele gut, dann fällt er halt herunter.' Ich schüttelte bloß den Kopf und meinte, das täte ich doch auch, bloß dass er eben bei mir nicht 'runterfiele. Der Unterschied war allerdings der, er flog eine Fokker und ich mein Großkampfflugzeug."

Nach dieser Begegnung konnte von Richthofen nur noch eines denken: „Du musst selber eine Fokker fliegen lernen, dann wird es vielleicht besser gehen." Dies erwies sich dann als gar nicht so leicht. Er meisterte die Prüfung zum Flugzeugführer erst beim dritten Mal. Doch an Weihnachten 1915 hielt er endlich das Flugzeugführer-Diplom in Händen. Seine neuen Fähigkeiten konnte er beim 2. Kampfgeschwader mit einem zweisitzigen Flugzeug zeigen, das nicht annähernd so beweglich war wie ein Fokker-Einsitzer. Am 26. April 1916 wurde von Richthofen zum ersten Mal im Heeresbericht erwähnt, wenn auch nicht mit Namen. Er hatte ein Maschinengewehr auf die obere Tragfläche seines Zweisitzers montiert und einen Gegner abgeschossen.

Im Juni 1916 verlegte das Kampfgeschwader nach Kowel in Russland. Die Aufgabe bestand im Bombardieren russischer Bahnanlagen und des Bahnhofs der Stadt Manjewicze. Da das russische Heer einen Angriff plante, fanden sich viele lohnende Ziele. Im August kam Oswald Boelcke zu Besuch, dessen Bruder Wilhelm führte die Kampfstaffel 10. Er berichtete bei einem gemütlichen Beisammensein von seiner Inspektionsreise in die Türkei, und dass er nach diesem Aufenthalt in Russland nach Frankreich an die Somme ginge, um dort eine Jagdstaffel aufzustellen. Er könne sich dafür geeignete Piloten aussuchen. Von Richthofen hörte das, aber traute sich nicht zu fragen, ob Boelcke ihn mitnähme. Am nächsten Morgen, vor der Abreise Boelckes, klopfte es an von Richthofens Tür. Es war Boelcke, der ihn aufforderte ihm nach Frankreich zu folgen, er wolle ihn zum Jagdflieger ausbilden. Der Einsatz im Kampfgeschwader im Osten gefiel von Richthofen zwar, aber bei der Aussicht, wieder im Westen zu fliegen, und das als Jagdflieger, konnte er nicht nein sagen. So geschah es, dass er im September 1916 zur Jasta 2 von Boelcke abkommandiert wurde. Mit ihm fuhren noch Erwin Böhme und Leipold Reimann, die ebenfalls ausgewählt worden waren. Von Richthofen schrieb darüber, dass für ihn nun die schönste Zeit seines Lebens beginnen sollte.

Am 01. September 1916 trafen sie auf dem Flugplatz der Jasta 2 in Bertincourt ein. Hier wurden von Richthofen und die anderen „Neuen", von Boelcke zu Jagdfliegern ausgebildet. Boelcke motivierte seine Jagdflieger zusätzlich, indem er jedem, der seinen ersten feindlichen Flieger „herunterholte", als Auszeichnung einen Silberbecher schenkte. Der Becher, war mit der Gravur „Dem Sieger im Luftkampf" sowie Abschussdatum und Flugzeugtyp versehen. Richthofen belohnte sich später selbst für jeden seiner Abschüsse mit einem Silberbecher

Im täglichen Flugbetrieb erwies von Richthofen sich als glänzender Taktiker und talentierter Flieger. Er beherzigte die Dicta Boelcke und war so meistens auf der sicheren Seite. Was ihn aber von den anderen abhob, war eine ganz besondere Jagdleidenschaft, die ihn zusätzlich zu Höchstleistungen motivierte.

Die Staffel wurde am 16. September mit neuen Jagdflugzeugen des Typs Albatros D.II ausgerüstet. Die Albatros besaß einen deutlich stärkeren Motor als die Fokker und hatte eine aerodynamisch günstigere Formgebung. Die Bewaffnung der Albatros bestand aus zwei Maschinengewehren 08/15. Das waren dieselben MGs, die auch weit unter den Fliegern in den Gräben eingesetzt wurden. Nur waren die MGs in den Flugzeugen luftgekühlt und nicht wassergekühlt wie die Infanteriewaffen.

Ausgerüstet mit dem in diesem Moment fortschrittlichsten Jagdflugzeug ließ der erste Abschuss für den Freiherrn auch nicht lange auf sich warten. Schon am Tag darauf, am 17. September 1916, sollte es dazu kommen. Es herrschte bestes Flugwetter, deshalb rechnete man mit regem Flugbetrieb auf der feindlichen Seite. Nach einem Briefing durch Oswald Boelcke, mit genauen Instruktionen, stieg das Geschwader zum ersten Mal gemeinsam zu einem Einsatz auf.

Schon von weitem sehen sie die kleinen Wölkchen der deutschen Flugabwehrgeschütze, die die Beobachtungsfesselballone schützen sollen. Das lässt auf Feindflugzeuge schließen. Beim Anflug können sie dann sieben Gegner ausmachen. Die fünf jungen Piloten sind sich bewusst, dass nun ihre Bewährungsprobe bevorsteht. Es gelingt der Jasta 2, dem englischen Geschwader, das sich hinter der deutschen Front in der Luft befindet, den Weg zurück hinter die eigenen Linien abzuschneiden. Es sind allesamt zweisitzige Bomber, also mit einem Beobachter im zweiten Cockpit, der mit einem voll schwenk- und drehbaren Maschinengewehr bewaffnet ist. Der Kampf Flugzeug gegen Flugzeug entbrennt. Die Albatros von Richthofens kurvt durch den Himmel und versucht hinter das englische Flugzeug zu kommen, doch der Gegner ist ein erfahrener Pilot, der es dem Deutschen nicht leicht macht. Von Richthofen probiert sich aus, der Gegner pariert seine Angriffe, doch irgendwann hat es der Freiherr geschafft und fliegt den Gegner von hinten an. Ein kurzer Feuerstoß und der Propeller des beschossenen Flugzeugs hört auf sich zu drehen. Von Richthofen hat den Motor getroffen. Auch scheint der Pilot in Mitleidenschaft gezogen worden zu sein, denn das Flugzeug fängt an zu schwanken. Der Beobachter ist nicht mehr zu sehen.

Der Engländer landet auf einem nahegelegenen Flugfeld, von Richthofen folgt und landet neben ihm. Für den Beobachter kommt jede Hilfe zu spät, der Pilot stirbt auf dem Weg ins Lazarett. Als von Richthofen wieder auf seinem Stützpunkt eintrifft, sitzen seine

Kameraden schon beim Frühstück. Der Jubel ist groß und er erfährt, dass er nicht der einzige ist, der einen Abschuss verbuchen kann. Auch Boelcke und die anderen drei haben sich einen Silberbecher verdient.

Während der Somme-Schlacht, bei der 1,5 Millionen Granaten von 1500 alliierten Geschützen verschossen wurden, um die deutschen Stellungen zu zermürben, gruben sich die deutschen Truppen immer tiefer in die französische Erde ein und konnten den britischen Angriff abschmettern. Allein am ersten Tag der Schlacht starben über 19 000 britische Soldaten, 8000 davon in der ersten halben Stunde. Am 15. September 1915 kam es zum ersten Einsatz von Panzern, um die deutschen Schützengräben zu überrollen. Die Schlacht brachte den Briten und Franzosen nur leichte Geländegewinne, aber höchste Verlustzahlen. Man schätzt, dass ca. eine Million Menschen ihr Leben in der Somme-Schlacht gelassen haben. Für Großbritannien war sie die größte militärische Tragödie des 20. Jahrhunderts.

Während sich die deutschen und französischen Heere an der Somme zerfleischten, eilten über ihnen am Himmel die Piloten der Jasta 2 von Luftsieg zu Luftsieg. Es war „ein Dorado für Jagdflieger", wie Boelcke sagte. Innerhalb von zwei Monaten hatte er es geschafft seinen bisher 20 Luftsiegen noch 20 weitere hinzuzufügen. Von Richthofen konnte bereits sechs Abschüsse verbuchen. Nun kam der 28. Oktober 1916 und der Einsatz zum Abfangen des englischen Squadron 24 Royal Flying Corps mit dem folgenreichen Zusammenstoß von Boelckes Flugzeug mit dem von Böhme, der Boelcke das Leben kosten sollte. Von Richthofen schrieb über diesen herben Verlust seines großen Vorbilds in seiner Biographie: „Nichts geschieht ohne Gottes Fügung. Das ist ein Trost den man sich in diesem Kriege so oft sagen muss."

Am 23. November 1916 trifft von Richthofen auf drei Engländer, die sich auch gleich auf einen Luftkampf einlassen. Es beginnt eine wilde Jagd um die beste Schussposition hinter dem Gegner Kurve um Kurve wird geflogen, es entwickelt sich ein echter „Dog Fight". Von Richthofen merkt, dass er es nicht mit einem Anfänger zu tun hat. Es wird aber auch klar, dass die Albatros besser steigt als die D.H.2 des Engländers und dass der Deutsche dadurch im Vorteil ist. Der englische Flieger hat schon viel Benzin verbraucht, und der Wind steht für ihn ungünstig, sodass er in Richtung deutsche Front abdriftet. Er muss nun zusehen, dass er sich bald in Sicherheit bringt. Doch der Kurvenkampf wird immer wilder, die Kontrahenten kommen sich immer näher und sinken immer tiefer. Schon befinden sie sich nahe am Boden. Nach einer halben Stunde wird es dem Engländer dann aber doch zu gefährlich, er muss sich entscheiden, ob er auf deutscher Seite landen oder sich noch zu den eigenen Linien durchschlagen soll. Durch gewagte Manöver und Loopings versucht er sich abzusetzen, doch von Richthofen lässt sich nicht beirren. In 30 bis 40 Meter Höhe sieht er seine Chance gekommen und feuert Salve um Salve auf den britischen Doppeldecker ab. Dieser stürzt kopfüber ab und rammt sein Maschinengewehr in die Erde.

Nach der Landung erfuhr von Richthofen, dass sein Gegner, der den Absturz nicht überlebte, kein Geringerer war als Lanoe Hawker. Was Max Immelmann für die deutsche Fliegertruppe war, das war Lanoe Hawker war für das Royal Flying Corps. Er war der Staffelführer der No. 24 Squadron. Er war es auch, der die ersten Gegenstrategien entwickelt hatte, als die „Fokkergeißel" die englischen Flugzeuge beherrschte. Auf sein Konto gingen neue Taktiken, die durch das neue Flugzeug Airco D.H.2 (mit Druckpropeller) verwirklicht wurden. Für von Richthofen war dieser Sieg natürlich etwas Besonderes und er erlangte dadurch Berühmtheit.

Am 5. Dezember verlegt die Jasta 2 nach Pronville. Auch im Dezember geht es weiter von Luftsieg zu Luftsieg. Am 24. Dezember 1916 gelingt von Richthofen sein sechzehnter Abschuss. Damit ist er die Nummer 1 unter allen deutschen Jagdfliegern. Allerdings heißt es nun Abschied nehmen von der Staffel Boelcke. Am 10. Januar 1917 erhält er ein Telegramm, indem ihm mitgeteilt wird, dass er zum Führer der Jagdstaffel 11 ernannt wurde. Für ihn enttäuschend, da er sich nun von den alten Kameraden verabschieden muss. „Außerdem", so schreibt er, „wäre mir der ‚Pour le Mérite' lieber gewesen." Dieser Orden lässt aber nicht lange auf sich warten. Am 12. Januar erhält er ein weiteres Telegramm mit dem Inhalt, dass Ihre Majestät der Kaiser die Gnade hatte, dem Freiherrn Manfred von Richthofen, den Orden Pour le Mérite zu verleihen.

Am 15. Januar trat von Richthofen die Führung der Jagdstaffel 11 an. Kühn verpasste er seiner Albatros einen roten Anstrich, so dass diese weithin zu erkennen war. Nicht nur die eigenen Leute, sondern auch der Feind sollte wissen, wer da flog. Die Jasta 11 hatte seit ihrer Aufstellung im Oktober 1916 noch keinen Luftsieg erringen können. Dies sollte sich von nun an ändern. Am 23. und 24. Januar schoss von Richthofen seine nächsten beiden Gegner ab. Mit dem letzten Abschuss ging jedoch ein Defekt an seinem Flugzeug einher, so dass er gemeinsam mit seinem Opfer zu einer Notlandung gezwungen war. Letztere brachte der brennende englische Zweisitzer besser hin. Von Richthofen überschlug sich bei der Landung, blieb jedoch unverletzt. Er begrüßte die beiden notgelandeten Engländer, die ersten, die einen Luftsieg von Richthofens überlebten, und die sich wunderten, dass der Deutsche auch landen musste. Er fragte die beiden in bestem Englisch, ob sie seine Maschine schon einmal gesehen hätten, was natürlich der Fall war. Sie sagten, dass er schon als „le petit rouge" („der kleine Rote") bekannt sei. Später kam noch „the red baron" („der rote Baron") dazu. Bald darauf lackierten alle Piloten ihre Flugzeuge mehr oder weniger komplett in den verschiedensten Farben. Das und der Umstand, dass die Staffel Flugzeuge und Mannschaften in Zelten unterbrachte, um jederzeit mobil zu sein, führte dazu, dass die Engländer bald nur noch von „the red baron's flying circus", dem „Wanderzirkus des roten Barons", sprachen. Von Richthofen war zwar kein Baron, sondern Freiherr. Da es im englischen Adel jedoch keine Entsprechung zu Freiherr gibt, wurde er kurzerhand zum Baron gemacht.

Die berühmte Jagdstaffel 11 mit Manfred v. Richthofen am Steuer seines Roten Flugzeuges.

Abgebildete Personen: Richthofen (in der Albatros D.III). Von links nach rechts, stehend: unbekannt (möglicherweise Leutnant Karl Allmenroeder); Hans Hintsch; Vizefeldwebel Sebastian Festner; Leutnant Karl Emil Schaefer; Oberleutnant Kurt Wolff; Georg Simon; Leutnant Otto Brauneck. Sitzend: Esser; Krefft; Leutnant Lothar von Richthofen.

So machte der Jagdflieger von Richthofen seine Erfahrungen. Seine französischen Gegner schätzte er nicht sehr positiv ein. Sie galten ihm „als hinterhältig, weder mutig noch ausdauernd und in typisch gallischer Art aufbrausend". Die Engländer kamen besser weg. Von Richthofen betrachtete sie als „schneidige Sportsmänner, mit einem Hang zum ‚Schönfliegen', die aber nicht kneifen". Der ideale deutsche Jagdflieger zeichnete sich in von Richthofens Augen dadurch aus, dass er ohne Kunststücke auskam und Schneid hatte. Ein Draufgänger halt, „das liegt uns Deutschen ja".

Am 10. März 1917 gerät von Richthofen mit vier seiner Staffelkameraden in einen Luftkampf gegen einen Gegner, der stark in der Überzahl ist. Es kommt zu einem Feuergefecht, bei dem Tank und Motor seines Flugzeugs zerschossen werden. Zwar kann er sich erfolgreich aus dem Luftkampf entfernen, nach einem langen Segelflug sicher notlanden und kommt unverletzt davon, aber ihm wird dabei klar, dass auch ein Draufgänger nicht kugelfest ist.

Aus dieser Jagdstaffel ging das Jagdgeschwader I hervor, das amtlich den Namen „von Richthofen" führte. Während seines einjährigen Bestehens 1917/18 erfocht das Richthofen-Geschwader nicht weniger als 1000 Siege. Rittmeister von Richthofen, Träger des Ordens Pour le Mérite, war mit 25 Jahren Kommandeur des Geschwaders geworden, das an dem Frontabschnitt, wo es eingesetzt wurde, nach einem militärischen Ausspruch den Kampfwert mehrerer Divisionen besaß."

Im April 1917 wird von Richthofen, offiziell immer noch Offizier der Kavallerie im Ulanen-Regiment Nr. 1, zum Rittmeister (= Hauptmann) befördert. In dieser Zeit beginnen auch nächtliche Angriffe auf das Flugfeld der Jasta 11, was die Piloten natürlich sehr aufbringt. Mithilfe von Maschinengewehren versuchen sie sich vom Boden aus als Flugabwehrschützen. Mit Erfolg. In der zweiten Nacht holen sie drei englische Bomber vom nächtlichen Himmel.

Die Jasta 11 war so erfolgreich, dass sie sich zu einer Eliteeinheit entwickelte. Es kam sogar das Gerücht auf, das Royal Flying Corps habe extra ein „Anti-Richthofen-Geschwader" aufgestellt. Dafür gibt es allerdings keinen Beweis. In der Folgezeit wurden sämtliche Maschinen der Jasta 11 rot lackiert. Richthofen kam in diesem Monat auf 20 Abschüsse, sein Bruder Lothar brachte es auf 15. Am 22. April verzeichnete die Jasta 11 ihren hundertsten Luftsieg. Diese Staffel hatte großen Anteil daran, dass der April 1917 als „Bloody April" in die Geschichte eingegangen ist. Ein Jagdflieger des Royal Flying Corps hatte zu dieser Zeit eine durchschnittliche Lebenserwartung von 92 Stunden nach Dienstantritt.

Der Mai 1917 ist für von Richthofen besonders aufregend und erfolgreich. Er ist jetzt mit 52 Abschüssen die unangefochtene Nummer 1, das As der Asse. Am 2. Mai feiert er im Urlaub seinen 25. Geburtstag. An diesem Tag begegnet er Generalfeldmarschall von Hindenburg. Einen Tag später wird er von Kaiserin Auguste Viktoria empfangen und beschenkt. Nun rangiert er auch in der deutschen Presse ganz oben. Diese berichtet jetzt auch vom englischen „Anti-Richthofen-Geschwader". Von nun an wird er von den Propagandaorganen für die Öffentlichkeit systematisch zum Idol, zum Helden, aufgebaut; dies so nachhaltig, dass er selbst heute noch sowohl bei Militärs als auch bei Drehbuchautoren als Prototyp eines Helden gilt. Für Letztere entspricht er allerdings nicht nur dem Stereotyp des edelmütigen Ritters der Lüfte sondern auch dem des blutrünstigen arroganten Preußen.

1917 veröffentlichte er mit großem Erfolg sein Buch „Der rote Kampfflieger". Es wurde sogar in Großbritannien veröffentlicht. Viele Persönlichkeiten – heute würde man VIPs sagen – wollten nun mit dem neuen Idol gesehen werden. Er erhielt Einladungen zu Jagdgesellschaften, es gab Phototermine und selbst der Kaiser lud ihn in sein Hauptquartier ein.

Im Juni ging es aber dann weiter mit der Jagd. Die Jagdstaffeln 4, 6, 10 und 11 wurden zusammengezogen und als Jagdgeschwader 1 neu aufgestellt. Das Kommando erhielt Rittmeister Manfred von Richthofen. Die Jasta 11 bezog in Schloss Bethune in Markebeeke in Belgien ihr Quartier. Von Richthofen war jetzt als Staffelführer zwar mehr und mehr in die Leitung der Staffeln eingebunden aber das hielt ihn nicht vom Fliegen ab. Seine Staffel und er eilten von Erfolg zu Erfolg.

Am 6. Juli 1918 kommt es, wie es kommen musste. Von Richthofen und andere Mitglieder seiner Staffel geraten in eine wilde Kurbelei mit dem 10. englischen Marinegeschwader und einigen Fliegern des Royal Flying Corps. Die Maschinen des RFC sind zweisitzige Druckpropellerflugzeuge des Typs Royal Aircraft Factory F.E. 2, eigens gebaut, um der „Fokkergeißel" Herr zu werden. Eine Kugel, die von einer dieser F.E. 2 abgefeuert wird, erwischt von Richthofen.

„Ich war getroffen! Für einen Augenblick war ich völlig gelähmt am ganzen Körper. Das Übelste war: Durch den Schlag auf den Kopf war der Sehnerv gestört, und ich war völlig erblindet. Die Maschine stürzte ab. Mir zuckte es durch den Kopf: Also so sieht es aus, wenn man sich kurz vor dem Tode befindet." Unfähig, sein Flugzeug zu bändigen trudelt von Richthofen mit der Albatros erst einmal 3000 Meter in die Tiefe. Erst im letzten Moment kann er seine Maschine abfangen und irgendwie notlanden. Zum Glück liegt der Notlandeplatz hinter den eigenen Linien. Aus der Nähe herbeigeeilte Soldaten holen ihn aus dem Wrack und er wird in das Feldlazarett in St. Nicholas gebracht. Die Verletzung ist nicht lebensgefährlich, auch das Augenlicht kehrt schnell zurück. Er erhält das Angebot, in den Generalstab aufzusteigen, lehnt jedoch ab, um bei seinen Kameraden bleiben und wieder fliegen zu können. Er wird jedoch nicht wieder der alte werden. Schwindelgefühl und ständige Kopfschmerzen werden ihn in Zukunft begleiten. Auch seine Persönlichkeit ändert sich.

Fortan wurde von Richthofen als fatalistisch beschrieben und er zog sich in sich zurück. US-amerikanische Neuropsychologen vermuteten ein posttraumatisches Syndrom, verursacht durch die Schädigung des vorderen Hirnlappens, was sein Verhalten verändert habe. Der Beweis dafür wäre, dass er sich seitdem – entgegen seiner eigenen Verhaltensregel, sich niemals in einen Gegner zu verbeißen, sondern sich zurückzuziehen, um eine neue Chance abzuwarten – auf den jeweiligen Gegner fixierte und nicht vom ihm abließ. Im Nachhinein kann man nicht sagen ob die unvollständige Heilung oder die Verletzung selbst die Ursache war, die diesen Zustand herbeigeführt hatte. Fest steht aber, dass er gegen ärztlichen Rat schon nach 40 Tagen das Krankenhaus wieder verlassen hatte.

Am 16. August holte von Richthofen sich dann auch schon den nächsten Silberbecher, den achtundfünfzigsten. Am 17. August verzeichnete die Jagdstaffel 11 mit dem Luftsieg von Hans Georg von der Ostens ihren insgesamt 200. Abschuss. Zwei Tage später inspizierte General Ludendorff die Staffel. Ende August bekam die Staffel zwei neue Flugzeuge zum Testen. Es war das neueste Modell der Firma Fokker, ein Dreidecker, die Fokker Dr.I. Eines der Testflugzeuge war ganz rot lackiert, das andere schwarz. Der schwarze Dreidecker ging an Werner Voß, Jasta 10. Er verzierte seinen Dreidecker mit einer Kriegsbemalung auf dem Rumpf und einem Gesicht mit Schnurrbart auf der Propellerhaube.

Der kleine Fokker-Dreidecker war mit einem Leergewicht von 383 Kilogramm ein absolutes Leichtgewicht und bot eine nie dagewesene Steigfähigkeit. Von Richthofens Kommentar: „…wendig wie die Teufel, und klettern wie die Affen." Bewaffnet war sie mit zwei luftgekühlten Maschinengewehren vom Typ 08/15. Der 9-Zylinder-Oberursel-Umlaufmotor mit 110 PS brachte das Flugzeug auf eine Geschwindigkeit von 160 Stundenkilometern, was vergleichsweise langsam ist. Die französische SPAD S.XIII brachte es immerhin schon auf eine Endgeschwindigkeit von über 220 Stundenkilometern. In diesem Fall spielte die Geschwindigkeit jedoch nur eine untergeordnete Rolle, da der Dreidecker so handlich war, dass er alle anderen Flugzeuge dieser Zeit ausmanövrierte. Der Begriff „diese Zeit" bezieht sich hier nicht auf Jahre, sondern eher auf Monate. Die Flugzeughersteller beider Seiten waren ständig bemüht, noch bessere, schnellere und wendigere Modelle zu entwickeln.

Da es zu Brüchen von Tragflächen kam, wurde der Flugbetrieb mit dem kleinen Dreidecker bis zur Klärung eingestellt. Im Februar 1918 wurde das Startverbot wieder aufgehoben. Fokker hatte die Tragflächen verstärkt. Dieser Typ Flugzeug wurde nur bis Mai 1918 eingesetzt und mit nur 420 Exemplaren in geringer Stückzahl hergestellt. Die neuesten Modelle von Albatros und vor allem die Fokker D.VII überzeugten ab Frühjahr 1918 durch ausgewogenere Leistungen. Die D.VII (Doppeldecker) galt gemeinhin als das beste Jagdflugzeug des ersten Weltkriegs.

Das Töten von feindlichen Piloten ging weiter. Am 30. November 1917, konnte von Richthofen seinen 63. Luftsieg verzeichnen. Bis Mai 1918 kamen noch 11 weitere hinzu. Dafür verlieh ihm der Kaiser den Orden Roter Adler mit Schwertern und Krone. Am 20. April 1918 erzielte er seinen 80. Luftsieg, 19 waren mit einem roten Dreidecker erzielt worden.

Am 21. April 1918 steigt von Richthofen wieder auf. Es sind insgesamt zehn Flugzeuge, die führende Gruppe besteht aus 4, die zweite, hintere Gruppe aus 6 Flugzeugen, angeführt vom roten Dreidecker von Richthofens. Zunächst trifft man auf eine Gruppe von R.E. 8, der No. 35 Squadron, die in 7000 Fuß (ca. 2100 Meter) Höhe die deutsche Frontlinie fotografiert. Die erste Gruppe unter Leutnant Hans Weiß stürzt sich auf die Zweisitzer, deren Beobachter sich mit ihren Maschinengewehren zur Wehr setzen. Leutnant Weiß erhält einen Treffer in die Ruderkontrolle, so dass er zum Stützpunkt zurückkehren muss. Kurze Zeit später trifft die No. 209 Squadron mit ihren Sopwith-Camel-Jägern auf einer Flughöhe von ca. 3600 Metern ein. Die Piloten sehen den Luftkampf unter sich. Ihr Kommandeur ist der Kanadier Captain Arthur Roy Brown. Unter ihnen ist auch der noch unerfahrene Leutnant Wilfred May. Dieser soll sich von Gefechten fernhalten und hat Befehl sich im Gefechtsfall vom Ort des Geschehens zu entfernen. Als sich die No. 209 Squadron in das Gefecht stürzt, entfernt sich Leutnant May in einem leichten Sinkflug. Dieses bleibt nicht unbemerkt. Von Richthofen wittert einen leichten Luftsieg und verfolgt May. Es kommt zu einer langen und wilden Verfolgungsjagd. Der Staffelführer Captain Brown sieht, dass von Richthofen sich May „zurechtlegt", wie er es gern ausdrückt und verfolgt die beiden.

Die rote Fokker jagt, mittlerweile auf Baumwipfelhöhe, hinter dem englischen Sopwith-Jäger her. Salve um Salve feuern die deutschen Maschinengewehre und zersieben den feindlichen Doppeldecker, der einfach nicht abstürzen will. Inzwischen sind sie an dem Ort Vaux-sur-Somme angekommen und von Richthofen hängt immer noch, verbissen wie ein Terrier, an der Camel, 100 Meter über den kanadischen Schützengräben. Als sie direkt über der Ortschaft sind, hat es dann auch Captain Brown geschafft, in Schussweite zu kommen und gibt einen langen Feuerstoß aus seinen Vickers MGs. Der Dreidecker zieht daraufhin in einer scharfen Rechtskurve nach oben und entfernt sich in Richtung Osten, schwenkt nach links, um schließlich unsanft neben einer Straße aufzuschlagen. May kann seinen durchlöcherten Doppeldecker sicher landen. Die deutschen Piloten sehen zwar von Richthofens Maschine fast unversehrt am Boden stehen, wissen aber nicht wie es ihrem Staffelführer geht und nehmen an, er wurde gefangen genommen. Die australischen Soldaten rennen zu dem roten Flugzeugwrack, doch sie kommen zu spät, der rote Baron ist tot.

Zwei Wochen vor seinem 26. Geburtstag. Die Australier bergen den Körper und bringen ihn zur Obduktion. Dort wird festgestellt, dass von Richthofens Körper von einer Kugel getroffen wurde, die von rechts in seinen Körper eingedrungen und links wieder ausgetreten ist. Die Kugel hat Leber, Lunge und Herz verletzt und eine große Austrittswunde verursacht. Sie steckt noch in der Lederjacke des Toten.

Das Flugzeugwrack wird später von Souvenirjägern geplündert werden bis nur noch das Gerippe übrig bleibt. Die kläglichen Überreste sind heute im Luftfahrtmuseum in Canberra in Australien zu bewundern. Der Umlaufmotor des Dreideckers wird im London im Imperial War Museum ausgestellt.

Am 22. April 1918 wird von Richthofen mit allen militärischen Ehren beerdigt. Der Friedhof wird während der Zeremonie von Flugzeugen in der „Missing-Man-Formation" überflogen. Diese Figur, bei der vier Flugzeuge in V-Formation den Friedhof anfliegen und einer über dem Friedhof dann nach oben aus der Formation ausschert, wird hier zum ersten Mal präsentiert und wird danach zur Tradition bei Begräbnissen von verdienten Fliegern.

Einen Tag später am 23. April wirft ein englisches Flugzeug eine Botschaft über der Basis der Jasta 1 ab.

„To the German Flying Corps.
Rittmeister Baron Manfred von Richthofen was killed
in aerial combat on April 21st 1918.
He was buried with full military honours."

„An das deutsche Fliegerkorps.
Rittmeister Baron Manfred von Richthofen wurde am 21. April 1918
in einem Luftkampf getötet.
Er wurde mit allen militärischen Ehren begraben."

Damit war es also Gewissheit. Manfred Freiherr von Richthofen, der Mann der 80 feindliche Flugzeuge vom Himmel geholt hatte, war selbst den Fliegertod gestorben. Der erste deutsche Popstar war auf dem Feld der Ehre geblieben. Die Anteilnahme war groß, Kaiserin Auguste Viktoria schickte von Richthofens Mutter eine Telegramm. Zeitungen im In- und Ausland druckten Nachrufe auf den großen Jagdflieger.

Das englische Fliegercorps schrieb den Abschuss Captain Brown zu, doch er war es nicht, der den roten Baron vom Himmel geholt hatte. Nach neuesten Forschungen, bei denen Ballistik, Gerichtsmediziner, Scharfschützen und Lasertechnik zum Einsatz kamen, beweisen, dass die tödliche Kugel vom Erdboden abgefeuert wurde. Drei Personen kamen dafür in Frage, doch mit größter Wahrscheinlichkeit war Sergeant Cedric Popkin der Schütze. Er schoss mit einem schwenkbaren MG nach oben und so konnte die Kugel von rechts unten in den Körper von Richthofens eindringen und ihn töten.

Von Richthofen hatte noch vor seinem Tod Hauptmann Wilhelm Reinhard zu seinem Nachfolger als Kommodore des Jagdgeschwader 1 bestimmt. Dieser wiederum starb im Juli bei einem Testflug in Berlin, daraufhin ernannte der Kommandierende General der Luftstreitkräfte Hermann Göring zum Kommodore.

Werner Voß

Werner Voß wurde 1897 in Krefeld geboren und trat mit nur 17 Jahren als Freiwilliger in das 2. Westfälische Husarenregiment Nr. 11 (Tanz-Husaren) ein. Nachdem es immer klarer wurde, dass die Kavallerie im Ersten Weltkrieg an Bedeutung verlor, ließ er sich im August 1915 zur Fliegertruppe versetzen.

Während der Fliegerausbildung wurde sein fliegerisches Talent erkannt. Nach Abschluss der Ausbildung im Februar 1916 wurde er als Fluglehrer eingesetzt. Nach seiner Beförderung zum Vizefeldwebel erfolgte die Versetzung zum Kampfgeschwader 4. Schon im November 1916 konnte er, dann als Leutnant, sein Können in der Jagdstaffel 2 beweisen. Hier flog zu dieser Zeit auch Manfred von Richthofen.

Im April 1917, nach 24 Luftsiegen erhielt auch er den blauen Max (Pour le Mérite). Seine Erfolge hatte er mit einer Albatros D.III errungen. Diese wurde durch einen der neuen Fokker Dreidecker ersetzt mit dem er seine Abschüsse auf 46 steigern konnte. Er verzierte die Motorabdeckung seines Flugzeugs mit einem Gesicht.

Ende Juli 1917 erfolgte die Versetzung zur Jagdstaffel 10, bei der er als Staffelführer des Jagdgeschwaders 1 eingesetzt wurde.

Voß ist am 22. September 1917 auf dem Weg in einen Kurzurlaub, um sich mit dem Flugzeugfabrikanten Antony Fokker zu treffen und seine Erfolge mit dem Fokker-Flugzeug zu feiern. Auf dem Flug dahin kreuzen sieben S.E.5a der britischen No. 56 Squadron seinen Weg.

Es beginnt eine wilde Kurbelei, bei der Voß gegen eine Übermacht anzukämpfen hat, was jedoch nicht nur von Nachteil ist, denn die Briten müssen aufpassen, sich im Gedränge der Flugzeuge nicht selbst unter Beschuss zu nehmen. Außerdem hätte er sich mit seinem Dreidecker jederzeit aus dem Staub machen können, was er aber nicht tat.

Doch Voß wird vom Ehrgeiz gepackt. Gleich zu Anfang hat er zwei einzeln fliegende S.E.5a abgeschossen, sodass jetzt nur noch zwei Abschüsse fehlten, um die 50 voll zu machen. Der Luftkampf mit den übrigen fünf Jägern der Briten entwickelt sich zu einem heftigen Schlagabtausch, bei dem es Voß zwar gelingt, jedes englische Flugzeug zu treffen, doch keines abzuschießen. Voß kann sich zwei Mal aus brenzligen Situationen retten, jedes Mal kommt er wieder zurück. Nach fast einer viertel Stunde Kurvenkampf passiert es aber, dass die Fokker eine Maschinengewehrsalve kreuzt und nur noch geradeaus fliegt. Der britische Staffelführer feuert noch eine Salve auf den Dreidecker ab, der aber ungerührt weiter fliegt, in einen langsamen Sinkflug übergeht und sich zwischen den Fronten in den Boden bohrt. Der Leichnam von Voß und sein Dreidecker können nie geborgen werden, da der Frontabschnitt in den folgenden Tagen stark umkämpft ist und der Boden durch heftigen Artilleriebeschuss regelrecht umgepflügt wird.

Wieder ein deutsches As weniger, wobei man sich fragt, von welchem Teufel Werner Voß geritten wurde. Man könnte meinen, er hätte in einem Anfall von Überheblichkeit und Leichtsinn, gepaart mit Ehrgeiz, nur noch seinen 50sten Luftsieg im Kopf gehabt und alle Risiken ignoriert. Nach Boelcke und Immelmann ist der 20-jährige Werner Voß das dritte bekannte Fliegeras, das im Kampf gefallen ist. Er war mit seinen 48 Abschüssen der viertererfolgreichste deutsche Jagdflieger im Ersten Weltkrieg.

Ernst Udet

Der nach Manfred von Richthofen erfolgreichste deutsche Flieger des ersten Weltkriegs war Ernst Udet. Er erzielte 60 Abschüsse und überlebte den ersten Weltkrieg. Geboren wurde er am 26. April 1896 in Frankfurt am Main, doch schon bald zog die Familie nach München, wo Ernst Udet auch zur Schule ging. Er war schon früh vom Fliegerbazillus infiziert und gründete mit Gleichgesinnten den Aeroclub München, einen Modellfliegerclub. Später unternahm er, mehr oder weniger erfolgreich, Gleitflüge mit einem selbstgebauten Fluggerät. Die mittlere Reife schaffte Udet nur unter größter Anstrengung, er wurde jedoch von seinem Vater, der eine Installationsfirma besaß, mit einem Motorrad belohnt. Bei Kriegsausbruch meldete er sich sofort freiwillig beim Militär. Nachdem er mehrmals, schon aufgrund seiner geringen Körpergröße, abgelehnt worden war, klappte es im August 1914 doch noch. Er wurde Motorradkurier (mit seinem eigenen Motorrad) bei der 26. württembergischen Reserve-Division. Doch das Engagement dauerte nicht lange, da alle Verträge mit privaten Motorradkurieren gekündigt wurden. Udet kehrte nach München zurück.

In München-Oberschleißheim besaß Gustav Otto eine Flugzeugproduktion mit angeschlossener Flugschule. Gustav Otto war der Sohn von Nikolaus August Otto, der das Viertaktprinzip für Benzinmotoren erfunden hatte. In Ottos Flugschule ließ Udet sich für 2000 Mark zum Piloten ausbilden. Im April 1915 machte er seine Flugprüfung und erhielt den Zivilflugschein. Jetzt verpflichtete er sich erneut beim Militär, diesmal bei der Fliegertruppe.

Im Juni 1915 war Udet in der Bodenkompanie der Fliegerersatz-Abteilung in Darmstadt/Griesheim stationiert. Dies war geschichtsträchtiger Boden, da hier August Euler seine ersten Flugversuche gemacht hatte. Nach der Ausbildung zum Militärflieger wurde Udet Pilot eines zweisitzigen Beobachtungsflugzeugs. Der Beobachter war Leutnant Ursinus, der den

19-jährigen Udet unter seine Fittiche nahm, als sie über der Westfront Aufklärung flogen. Das Gelände kannte Udet bereits von seinen Fahrten als Motorradkurier.

Er zeigte sich als sehr wagemutiger Flieger und brachte sein Flugzeug mitsamt dem Beobachter immer wieder in extreme Situationen. Das blieb nicht ohne Folgen. Zwei Abstürze in kurzer Zeit führten zu einem Nervenzusammenbruch. Außerdem wurde er auch noch wegen Zerstörung eines wertvollen Flugzeugs zu einem siebentägigen Arrest verdonnert.

Als Udet wieder auf seinem Stützpunkt eintrifft, gibt es gerade einen Alarmstart. Ein Beobachter kommt auf ihn zu und fragt, ob er Pilot sei, was er bejaht. Daraufhin wird er barsch aufgefordert sich in ein Flugzeug zu setzen und zu starten, um nicht den Anschluss zu verlieren. Das Flugzeug ist ein alter LVG-Zweisitzer, „eine alte, zerzauste Krähe", dazu noch mit Bomben beladen. Doch nach seiner Zwangspause empfindet Udet das Fliegen als Befreiung. Über dem eigentlichen Ziel sind schon viele feindliche Jäger zu Gange, so dass der Beobachter Udet den Befehl gibt, ein anderes Ziel auszusuchen, da die LVG nicht mit einem Maschinengewehr bewaffnet ist und sich gegen Jagdflugzeuge nicht wehren kann. Sie steigen also langsam auf Höhe und fliegen in Richtung Süden.

Über Montreux besteht die letzte Möglichkeit, die tödliche Fracht los zu werden. Der Beobachter öffnet die Bodenluke vor seinen Füßen und lässt die Bomben senkrecht nach unten aus dem Flugzeug fallen. An den Einschlägen kann man jeweils sehen, dass die Bomben ihr Ziel finden. Plötzlich dreht sich der Beobachter gestikulierend zu seinem Pilot um. Eine Bombe hat sich im Fahrwerk des Flugzeugs verhakt. Nun ist guter Rat teuer. Langsam drückt Udet das Flugzeug nach rechts, dann nach links, doch die Bombe folgt der Bewegung, ohne sich vom Flugzeug zu lösen. Der Beobachter streckt sein Bein durch die Luke im Rumpfboden, um so die Bombe hinauszukicken. Aber sein Bein ist zu kurz. Eine andere Lösung muss gefunden werden. Udet fliegt den ersten Turn seines Lebens und das auch noch mit so einem lahmen schwerfälligen Vogel. Fast senkrecht steigt er in den Himmel, es klickt hörbar und die Bombe ist frei und fällt nach unten. Dieses Mal nicht auf ein lohnendes Ziel sondern nur auf einen Acker, aber Udet und sein Beobachter sind sie los. Nun versucht der Beobachter wieder sein Bein ins Flugzeug zu bekommen, was aber nicht gelingt. Er muss sich bis zur Landung gedulden.

Kurz nach der Landung kommt schon eine Ordonnanz übers Flugfeld gerannt und holt Udet in die Schreibstube. Hier erhält er vom diensthabenden Hauptmann die Mitteilung, dass er zur Fliegerabteilung 68 nach Habsheim versetzt wurde. In zwei Tagen werde sein neues Flugzeug, eine Fokker E.III eintreffen, mit der er dann zu seinem neuen Einsatzort fliegen solle. Udet kann es nicht fassen, er darf Einsitzer fliegen und Jagdflieger werden. Pünktlich trifft seine neue Maschine ein. Kein Vergleich zur Aviatik B, die er die ganze Zeit geflogen hat. Er steigt ein, der Motor wird angeworfen und los geht's. Übermütig ruft er noch den anwesenden Flugschülern ein „Immer fleißig üben, Jungs" zu und gibt Gas. Die Maschine hebt ab, Udet ist einen Meter über dem Boden, als die Maschine nach rechts zieht. Er will dagegenhalten und drückt den Steuerknüppel nach links, um geradeaus zu fliegen. Aber der Knüppel bewegt sich nicht nach links, Ausschlag unmöglich. Mit ganzer Kraft stemmt Udet sich gegen den Knüppel. Vergebens. Er sieht die Flugzeughalle auf sich zukommen – immer schneller – und schon kracht es. Er hat die Halle gerammt, die nagelneue Maschine ist zertrümmert. Udet sieht sich schon wieder im Arrest sitzen.

Einen Moment bleibt er noch sitzen, regungslos, um dann mit zitternden Knien aus dem Wrack zu klettern. Die Flugschüler, wie auch der Hauptmann kommen zum Unfallort gerannt, stehen um ihn herum, stellen Fragen. Der Hauptmann macht den Eindruck, als habe er nichts anderes von Udet erwartet und sagt nur: „Na ja." Udet stammelt, „Knüppel blockiert, Verwindung unmöglich!". Der Hauptmann lässt das Flugzeug vom Werkmeister untersuchen. In der Zwischenzeit sitzt Udet alleine und verzweifelt in seiner Stube. Unglücklicher hätte seine Jagdfliegerkarriere nicht beginnen können. Am Abend liegt das Ergebnis der Untersuchung vor. Der Bowdenzug, der zum Maschinengewehr führt, hatte sich verhakt und so die Steuerung blockiert. Udet ist rehabilitiert, ihn trifft keine Schuld. Das Ersatzflugzeug ist eine gebrauchte Fokker, aber eine Fokker. Mit dieser fliegt er am nächsten Tag nach Habsheim. (Der Flugplatz Habsheim erhält am 26. Juni 1988 traurige Berühmtheit, als ein neuer Airbus 320, besetzt mit Werksangehörigen, auf Grund eines technischen Fehlers bei einem Schauflug abstürzt und 3 Tote zu verzeichnen sind.)

Udet flog dort mit drei anderen Piloten in einer Abteilung, die den Auftrag hatte, Sperrflüge zu unternehmen und eindringende feindliche Flugzeuge abzufangen. Hier hatte er Zeit, seine fliegerischen Fähigkeiten zu verbessern. Mit seinem Mechaniker bastelte er eine Schießscheibe in Form eines französischen Nieuport-Jägers und trainierte seine Schießkünste: aus dem Sturzflug heraus erst kurz über dem Boden die Maschine abfangen und bei ca. 100 Metern Entfernung schießen. Seine Leistungen besserten sich deutlich und er wurde ziemlich routiniert. Ein günstiger Nebeneffekt war, dass durch die Beanspruchung des Materials auch technische Fehlerquellen erkannt wurden, beispielsweise traten oft Ladehemmungen auf. Zusammen mit seinem Mechaniker versuchte Udet, das Flugzeug zuverlässiger zu machen. Udet hatte immer wieder ausgefallene Ideen, um den Gegner in die Irre zu führen. So baute er mit seinem Mechaniker eine Puppe als Beobachter-Attrappe auf sein Jagdflugzeug, um einen langsameren, behäbigeren Zweisitzer vorzutäuschen.

Abgesehen von diesen Aufklärungsflügen beschränkten sich Udets bisherige fliegerische Erfahrungen auf Pleiten, Pech und Pannen. Nun wurde auch noch verfügt, dass Munition gespart werden müsse. Udet stellte daraufhin die Schießübungen ein. Zum Ausgleich flog er nun öfter über die feindlichen Schützengräben, um hierbei mehr Routine im Schießen zu bekommen. Eines Abends kam er erst in der Dunkelheit wieder von solch einem Ausflug zurück. Die Landebahn war zwar mit Fackeln kenntlich gemacht, aber die Sicht dennoch eingeschränkt. Udet übersah eine Bodenunebenheit und beschädigte sich das Fahrwerk.

Am nächsten Morgen um halb fünf, es ist Sonntag der 18. März 1916, reparieren er und sein Mechaniker Behrend in der Werkstatt den leichten Schaden am Fahrwerk. Zur Mittagszeit verabschiedet man sich und fährt mit dem Zug in den Ort. Udet kehrt in sein Quartier zurück. Nach dem Essen sitzt er im Garten beim Kaffee, als der Funker die Nachricht bringt, dass zwei französische Flugzeuge die Front in Richtung Mülhausen überflogen haben. Udet springt in sein Auto und fährt zum Flugfeld. Der Funker hatte allgemein Alarm ausgelöst, deshalb ist seine Maschine schon startbereit. Er ist lange vor allen anderen in der Luft. Er schraubt sich nach oben, will in eine Höhe steigen, in der er gegenüber seinen Gegnern im Vorteil ist.

Plötzlich hat er Ölspritzer auf der Brille, er wischt sie weg, doch sie lassen sich nicht wegwischen. Schließlich merkt er, dass die Punkte feindliche Flugzeuge sind, und fängt an zu zählen. Sieben Stück, und dahinter nochmal fünf, und da sind noch mehr, zweiundzwanzig insgesamt, in der Hauptsache Bomber von Caudron und Farman. Und in der Mitte des Schwarms: ein großer Bomber von Voisin. Udet blickt sich um, ob schon Verstärkung eingetroffen ist, aber er ist allein. In sicherem Abstand fliegt er über dem Schwarm und verfolgt ihn. Die Franzosen müssen ihn bemerkt haben, fliegen aber unbeirrt weiter Richtung Mülhausen. Er fasst allen Mut zusammen, nimmt sich einen dicken Farman zum Ziel und stürzt sich ihm entgegen. Der Beobachter bemerkt ihn und richtet sein Maschinengewehr auf ihn. Udet vergisst alles um sich herum, konzentriert sich ganz auf sein Ziel und eröffnet bei 40 Metern das Feuer. Und trifft! Eine Stichflamme aus dem Auspuff, weißer Rauch, das Flugzeug kippt ab. Udet freut sich, doch nur kurz, denn plötzlich schlagen neben ihm Kugeln ein. Erschrocken dreht er sich um und sieht zwei Caudrons auf sich zukommen. Er taucht ab, geht in den Sturzflug und fängt sein Flugzeug ab, als er in Sicherheit ist. Das von ihm abgeschossene Flugzeug rauscht an ihm vorbei in die Tiefe.

Jetzt sind auch die anderen Flieger aus Habsheim eingetroffen und die Luft ist erfüllt vom Donner der Motoren und dem Knattern der Maschinengewehre. Udet klemmt sich hinter eine zweimotorige Caudron und eröffnet das Feuer, doch er ist noch zu weit entfernt. Aber er bleibt dran. Seine zweite Serie zerstört einen Motor. Noch einmal schießt er und tötet den Piloten. Nun will er dem Flugzeug den Rest geben und es zu Boden schicken, doch sein Maschinengewehr blockiert – Ladehemmung. Die Kräfte, die durch das Auf und Ab der Sturzflüge entstehen, haben dazu geführt, dass der Munitionsgurt im Verschluss des MGs feststeckt. Ernst Udet muss zum Flugplatz zurückkehren. Er stellt sein Flugzeug ab und macht Meldung. Es war sein erster Abschuss. Die vier Habsheimer Piloten haben ebenfalls jeweils ein gegnerisches Flugzeug zur Strecke gebracht.

Abends wird dann das gesamte Ausmaß dieses französischen Luftangriffs bekannt. Der größte Luftangriff in der bisher noch jungen Geschichte der Luftfahrt ist von deutscher Seite abgewehrt worden. Fünf feindliche Flugzeuge sind vernichtet, bei einem eigenem Verlust: ein AEG-Großflugzeug mit dreiköpfiger Besatzung. Doch jetzt war bei Ernst Udet sozusagen der Knoten geplatzt. Nach dem ersten schoss er noch drei weitere Franzosen in seiner Habsheimer Zeit ab.

Die Piloten sind immer in der Luft und machen ihre Sperrflüge, wann immer das Wetter es erlaubt. Zu Luftkämpfen kommt es aber zu Udets Enttäuschung nicht. So herrscht auch auf dem Sperrflug am 25. Mai Langeweile. Die vier Flieger bleiben unbehelligt, bis plötzlich das Flugzeug neben Udet in Rauch und Flammen aufgeht und mit seinem Kameraden abstürzt. Das war blitzschnell passiert. Geschockt blickt Udet dem brennenden Wrack nach, da bemerkt er ein französisches Flugzeug das sich aus dem Staub macht. Es ist Georges Guynemer, das berühmte französische Fliegerass.

Am 28. September 1916 wird Udet zur Jasta 15 versetzt. Nach seinem dritten Luftsieg erhält er am 24. Dezember 1916 das Eiserne Kreuz 1. Klasse. Hier trifft er dann auch wieder auf Georges Guynemer. Udets Albatros ist der SPAD unterlegen. Doch schon umkreisen sich die beiden. Udet kann die Aufschrift „Vieux Charles" auf der SPAD erkennen und hat die Gewissheit, dass es Guynemer ist. Sie kommen sich so nahe, dass jeder die Gesichtszüge des anderen erkennen kann. Udet will seine

Kameraden rächen und setzt alles daran, in eine gute Schussposition zu kommen. Eine von Guynemers Gewehrsalven schlägt in die Albatros ein, der Franzose scheint alle Trümpfe in der Hand zu halten. Die wilde Jagd geht weiter, endlich hat Udet die SPAD im Visier und drückt ab. Aber nichts passiert – Ladehemmung. Es ist zum Verrücktwerden – ausgerechnet jetzt, wo er die Chance hat, den Franzosen vom Himmel zu holen. Wie verrückt hämmert Udet mit beiden Fäusten auf das MG, doch es ändert sich nichts. Guynemer sieht das, und Udet weiß, jetzt hat sein letztes Stündlein geschlagen. Guynemer kann ihn jetzt quasi wie eine reife Frucht vom Himmel pflücken. Der Franzose fliegt ein weiteres Mal vorbei, streckt die Hand aus, winkt und dreht ab in Richtung französische Front. Guynemer hat sich an den Ehrenkodex erinnert und beweist Ritterlichkeit, indem er den wehrlosen Feind davon kommen lässt.

Am 19. Juni 1917 lässt Udet sich zur Jasta 37 versetzen, da dort seine Kameraden aus Habsheim fliegen, die mit Albatros D.V ausgerüstet sind. Ab August übernimmt Udet das Kommando. Im März 1918, er hat bereits 20 Abschüsse auf dem Konto, erhält die Jasta 37 Besuch von Manfred von Richthofen. Dieser fragt Udet, ob er nicht in seine Jasta 11 wechseln und den neuen Fokker-Dreidecker fliegen wolle. Da kann Udet nicht nein sagen. Am 23. März wechselt er zum Jagdgeschwader 1, in die Jagdstaffel 11. Am 23. April erhält er die Benachrichtigung, dass ihm der „Blaue Max", der Orden Pour le Mérite, verliehen wurde.

Jetzt erkennt Udet auch die Unterschiede zwischen normalen Jagdstaffeln und denen des Geschwaders Richthofen, des „fliegenden Zirkus". Im Gegensatz zu anderen Staffeln befindet sich Richthofens Geschwader immer in der Nähe der Front, die Flugzeuge sind in Zelten untergebracht, die Piloten und Mannschaften in schnell ab- und wieder aufbaubaren Hütten. So kann das Geschwader immer dort sein, wo es am dringendsten gebraucht wird. Bei anderen Staffeln wird zwei- bis dreimal am Tag geflogen, bei Richthofen fünfmal. Boelckes Schule ist immer noch präsent. Die Richthofenstaffeln stehen tagsüber ganz dicht hinter der Front, startbereit auf Gefechtslandeplätzen, und sobald sich ein Gegner zeigt, springen die Piloten in ihre Maschinen und fangen ihn ab. Von Richthofen hält nichts von Sperrflügen, für ihn ist das abstumpfend wie Wache stehen.

Udet hat in von Richthofen einen guten Lehrmeister, der ihm z. B. die Feinheiten des Luftkampfes in der Staffelformation beibringt. Er schaut sich so manches vom roten Baron ab und lernt dazu. Er ist beeindruckt, wie nah von Richthofen an die feindlichen Flugzeuge heranfliegt, um sie abzuschießen. Die beiden verstehen sich, heute würde man sagen, die Chemie stimmt zwischen ihnen. Nach dem Tod von Richthofens übernimmt Udet die Führung der Jasta 4. Der Nachfolger von Richthofens als Geschwaderkommodore, verunglückt nach kurzer Zeit bei einem Testflug tödlich. Udet macht sich Hoffnungen auf die Stelle des Kommodore, das Oberkommando jedoch zieht Hermann Göring ihm vor.

Am 3. Juli 1918 zählte Ernst Udet 40 Luftsiege, am 10. August errang er den 50. Luftsieg und bei Kriegsende am 11. November 1918 waren es insgesamt 62. Damit lag er hinter Manfred von Richthofen mit 80 Luftsiegen auf Rang 2. Göring kam auf 22 Luftsiege. Sowohl Göring als auch Udet überlebten den ersten Weltkrieg, Udet auch deshalb, weil er sich gegen Ende des Krieges stets mit Fallschirm ins Flugzeug setzte, was ihm bei einem Absturz dann auch den Hals rettete.

Des Teufels General
Warum Ernst Udet zum Vorbild für Zuckmayers „Des Teufels General" wurde? Nach dem Krieg gab es viele ehemalige Soldaten, die nicht mehr in das Dasein eines Zivilisten zurückfanden. So ging es auch den Fliegern. Erschwerend kam hinzu, dass ab Juli 1921 von den Siegermächten jeglicher Flugzeugbau bis auf Weiteres untersagt wurde. Udet schlug sich als Testpilot, Flugzeugfabrikant und Kunstflieger durch. Als Kunstflieger konnte er sein außergewöhnliches Können unter Beweis stellen. Er flog spektakuläre Flugmanöver, pickte mit der Tragflächenspitze ein Taschentuch vom Boden auf oder landete sein Flugzeug sicher, obwohl er quer zur Landebahn angeflogen war. Nicht zu vergessen seine Loopings, die er mit abgeschaltetem Motor flog.

Berühmt waren auch Udets Flüge durch Afrika, in den Alpen und sogar auf Grönland. Er begann eine Zusammenarbeit mit Filmregisseur Arnold Fanck und Kameramann Hans Schneeberger und war in mehreren Filmen in Haupt- oder Nebenrollen präsent wie z. B. in „Die weiße Hölle vom Piz Palü" und „Stürme über dem Mont Blanc". In mehreren Nebenauftritten spielte er den Retter, der Menschen in Not zu Hilfe kommt. Oft spielte auch Leni Riefenstahl in diesen Filmen mit.

Udet war kein Adonis, doch er kam bei Frauen gut an. Er war auch für wilde Partys berühmt, die er manchmal in seinem Trophäenzimmer abhielt. Hier trafen sich nicht nur Flieger, sondern auch Schriftsteller und Schauspieler, und vor allem Schauspielerinnen. Heinrich George und Carl Zuckmayer, den er schon im 1. Weltkrieg kennengelernt hatte, zählte er zu seinen Freunden. Er wurde Vater einer Tochter, die er kaum sah und deren Mutter er schon wieder verlassen hatte, bevor das Kind geboren war.

Udet wurde auch in die USA eingeladen, um als Weltkriegsheld seine fliegerischen Fähigkeiten unter Beweis zu stellen. Bei einer dieser Reisen wurde er auf ein neues Flugzeug aufmerksam: die Curtis F 11 C Goshawk kurz Hawk genannt. Diese Maschine, war als Doppeldecker ausgelegt und auf Sturzflüge spezialisiert. Udet war fasziniert. Er musste unbedingt auch so eine Hawk haben. Zur gleichen Zeit war ein anderer ehemaliger Flieger aus dem Richthofengeschwader auf dem Karrieresprung – Hermann Göring. Dieser brauchte für das Nazi-Regime Mitstreiter, die ihm halfen, die neue Luftwaffe aufzubauen. Udet war kein politischer Mensch und ganz sicher niemand, der sein Leben hinter einem Schreibtisch verbringen wollte. Doch Göring machte ihm ein Angebot. Er würde Udet zwei Curtis Hawks beschaffen, dafür solle dieser ihn als Generalluftzeugmeister unterstützen. Udet war so begeistert vom Sturzkampfbomber-Projekt, dass er zusagte. Er trat in die Partei ein und bekam einen Schreibtischjob, bei dem er für 4000 Offiziere, Beamte und Ingenieure verantwortlich war, und aus dem er jedoch immer wieder gerne ausbrach.

Nach Kriegsbeginn gab es im Luftfahrtministerium Reibereien und Kompetenzstreitigkeiten mit dem Generalinspekteur der Luftwaffe Erhard Milch („In Udets Händen wird alles zu Staub."). Udet traf falsche Entscheidungen, wie zum Beispiel, alle neuen Entwicklungen von Bombern zu stoppen und ganz auf den Sturzkampfbomber zu setzen. Auch wurde ihm das Scheitern der Luftschlacht um England 1940 angelastet. Die ganze Situation belastete ihn sehr, er bekam keine Rückendeckung mehr von Göring und fühlte sich verraten. So wurde er zum exzessiven Alkoholiker, rauchte wie ein Schlot und nahm Aufputschmittel (Pervitin). Am 17. November 1941 wurde ihm alles zuviel und er erschoss sich. „Eiserner (Hier ist Göring gemeint, Anm. d. Autors) du hast mich verlassen!", lautete seine letzte Abschiedsbotschaft.

Die Tatsache, dass Udet Selbstmord verübte, wurde natürlich von der Nazi-Propaganda totgeschwiegen. Offiziell wurde verlautbart, dass Udet beim Testen einer neuen Waffe abgestürzt und gestorben sei. Beim Staatsbegräbnis hielt Göring eine verlogene Trauerrede.

Das tragische Ende Ernst Udets nahm Carl Zuckmayer zum Anlass für sein Theaterstück „Des Teufels General", die Person Udets diente ihm als Vorbild für seinen General Harras.

Auch für die Protagonisten anderer Filme und Bücher diente Udet als Vorbild. In dem Film „The Great Waldo Pepper" („Tollkühne Flieger") in dem Robert Redford die Hauptrolle spielt, ist die Figur des Ernst Kessler von Udet inspiriert, ebenso wie die Hauptfigur in Martha Dodds Roman „Die den Wind säen" („Sowing the Wind").

Auch die Gegenseite hatte natürlich beeindruckende Flieger zu bieten, nicht nur, wie von Richthofen sagte, „laurige" Franzosen und sportliche Engländer, sondern auch Kanadier, Amerikaner und Italiener. Die russischen Piloten hatten allerdings keine hohen Abschusszahlen vorzuweisen, so dass sie hier nicht näher behandelt werden.

Frankreich

Charles Nungesser

Auf der Rangliste der Fliegerasse befand sich Charles Nungesser (1892–1927) auf Platz drei. Geboren in Paris, wanderte er 1907 nach Südamerika aus. Dort durchlebte er eine abenteuerliche Zeit in den verschiedensten Berufen. Er versuchte sich als Gaucho, Boxer und Rennfahrer. Und er lernte auch fliegen.

Zurück in Frankreich meldete er sich freiwillig zum Militärdienst. Zunächst wurde er beim 2. Husarenregiment eingesetzt. Er zeichnete sich durch besonderen Wagemut aus und wurde auch bald mit einer Medaille ausgezeichnet.

Mit der Versetzung zur Fliegertruppe wurde er Bomberpilot. Mit seinem schweren Bomber griff er sogar andere Flugzeuge an und schoss dabei einen deutschen Albatros-Jäger ab. Dafür bekam er die nächste Auszeichnung und die Versetzung zur Escadrille de Chasse-N 65 in Nancy. Dort flog er mit einer Nieuport 11 und im Juli 1916 hatte er schon 10 Abschüsse auf dem Konto. Nach einer Zwangspause, bedingt durch einen Absturz bei einem Testflug, wurde er direkt bei der Schlacht an der Somme eingesetzt, jetzt mit der Nieuport 17, die er erstmals mit seinen Insignien versah, einem schwarzen Herz, in dem ein Sarg und darunter ein Totenkopf mit gekreuzten Knochen zu sehen war, das Ganze flankiert von zwei Kerzen.

Nungessers und Udets Persönlichkeiten und Geschichten ähneln sich in gewisser Weise. Auch Nungesser war ein Mann der gerne feierte und dem Alkohol zusprach und bei den Frauen beliebt war. Fliegerisch hatte er weniger Glück und musste eine Reihe von Rückschlägen verkraften. Flugunfälle, Kampfverletzungen und dann auch noch ein schwerer Autounfall, warfen ihn immer wieder zurück, doch er hielt bis zum Ende des Krieges durch und erzielte insgesamt 43 Luftsiege.

Nach dem Krieg eröffnete er eine Flugschule, die aber bald wieder geschlossen werden musste. Dann ging auch er, wie Udet, in die USA und machte dort eine Tournee, bei der er an 55 Orten sein Können zeigte. Im Jahre 1927 versuchte er sich an einer Atlantiküberquerung von Paris nach New York, doch er kam nie in den USA an. Er blieb vermisst, bis heute ist unklar, was aus ihm wurde.

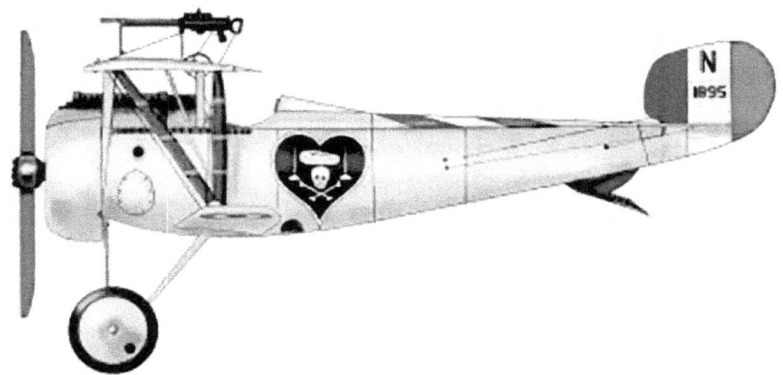

Georges Guynemer

Er wurde Weihnachten 1894 in Paris geboren. Niemand hätte wohl vorausgesagt, dass aus dem kränklichen Kind aus reichem Haus, einmal ein erfolgreicher Jagdflieger werden würde. Aufgrund seiner Statur wurde Guynemer zunächst vom Militärdienst zurückgestellt. Doch nach dem vierten Versuch, konnten sich die Verantwortlichen nicht mehr verweigern und so wurde er Flugzeugmechaniker. Seine Hartnäckigkeit brachte ihn dann doch noch zur Flugzeugführerschule und ab Juni 1915 flog er bei der Escadrille MS.3 als Jagdflieger, errang bis Februar 1916 fünf Luftsiege und durfte sich somit Ass nennen. Allerdings wurde er selbst auch mehrmals abgeschossen.

1916 hat Guynemer die Gelegenheit, die Eliteschule zu besuchen. Danach eilt er von Luftsieg zu Luftsieg. Ab Januar 1916 fliegt er eine Nieuport 11, auf der er den Schriftzug „Vieux Charles" („alter Karl") anbringt, wie auch später auf seiner SPAD. Dieses neue Flugzeug verhilft Guynemer zu noch größeren Erfolgen. Sein erfolgreichster Monat ist der Mai 1917, als es ihm gelingt, sieben deutsche Flugzeuge abzuschießen. Insgesamt kommt er auf 52 Abschüsse. Er ist der erste Franzose, der über 50 gegnerische Flugzeuge abschießt.

Sein Ende kommt am 11. September 1917, als er sich bei einem Einsatz über Westflandern von seinen Flügelmännern trennt, um einen deutschen Zweisitzer anzugreifen. Der deutsche Flieger, Kurt Wissemann von der Jasta 3, schießt ihn ab, und er stürzt zwischen den Linien ab. Sein Leichnam wird nie geborgen. Guynemer wird keine 23 Jahre alt.

René Fonck

Mit 75 Luftsiegen ist René Fonck (1894–1953) der erfolgreichste alliierte Jagdflieger. Schon vor Beginn des Krieges war er technisch interessiert und nahm Flugstunden. Bei Kriegsbeginn war er noch Flugschüler in Dijon, wurde aber gleich heimatnah nach Épinal in ein Pionierregiment einberufen. Bis zum Frühjahr 1915 gelang es ihm, seine Versetzung zur Aeronautique Militaire und damit seine Ausbildung zum Militärpiloten zu erwirken.

Danach war er bei der Escadrille C 47 stationiert und flog mit Flugzeugen des Typs Caudron Aufklärung, wobei er sich sehr gut bewährte. Einmal zwang er sogar eine deutsche Rumpler durch geschicktes Ausmanövrieren zur Landung hinter den französischen Linien und wurde dafür ausgezeichnet. Im April 1917 kam er zur Escadron de chasse 1/2 Cigognes, zum Jagdgeschwader 1/2 Störche. Die „Störche" waren mit der neuen SPAD S VII ausgerüstet, einem der besten französischen Jagdflugzeuge, das schnell und sehr robust war. Bis zum Ende des Jahres 1917 hatte Fonck 19 Gegner abgeschossen und wurde zum Offizier befördert.

Fonck flog gern alleine. Er lauerte seinen Gegnern auf, um aus großer Höhe auf sie herabzustürzen und dann aus kürzester Entfernung das Feuer zu eröffnen. Meistens schoss er jeweils auf den Piloten, um so schnell zum Ende zu kommen. Zeitweise flog er auch mit einer SPAD S VIII. Diese war mit einer 37-mm-Kanone bestückt, deren Lauf zwischen den Zylindern des V8-Hispano-Suiza-Motors hindurch führte und durch die Propellernabe schoss. Mit diesem schweren Kaliber vernichtete er elf deutsche Flugzeuge. Für Fonck war das Fliegen etwas anderes als für die anderen Piloten. Er bestritt seine Luftkämpfe vor allem aufgrund seines technischen Verständnisses und mit mathematischer Präzision. Das unterschied ihn von seinen Kameraden. Der Erfolg gab ihm jedoch Recht. Im Jahr 1918 gelang ihm an zwei Tagen, am 2. Mai und am 26. September, was keinem anderen Jagdflieger im 1. Weltkrieg gelang: Er schoss an jedem dieser beiden Tage sechs feindliche Flugzeuge ab. Am Ende des 1. Weltkrieges rangierte er auf Platz 1 der alliierten Rangliste der Jagdfliegerasse.

Fonck war zwar der erfolgreichste französische Flieger, aber nie so beliebt wie Georges Guynemer. Das lag daran, dass er lieber alleine flog und als egoistischer Angeber verschrien war. Sein anfängliches Engagement bei der von Nazi-Gnaden eingesetzten Vichy-Regierung im besetzten Frankreich machte ihn nach dem Krieg auch nicht beliebter. Auch seine Bekanntschaft mit Hermann Göring machte ihn nicht sympathischer. Bei den Nazikollaborateuren fiel Fonck jedoch in Ungnade, und so wandte er sich der Widerstandsbewegung „Résistance" zu. Dies wurde ihm zwar nach der Befreiung Frankreichs zugute gehalten, aber nie ganz geklärt.

Nach dem zweiten Weltkrieg gründete Fonck ein Unternehmen und ging in die Politik. Er wurde Parlamentsabgeordneter für sein Departement in Paris. 1953 starb er im Alter von 59 Jahren. Er hinterließ eine Ehefrau und zwei Kinder.

Großbritannien

Edward Corringham „Mick" Mannock

Mit 61 Abschüssen war Mannock die Nummer eins der britischen Fliegerasse. Er wurde schon 1887 bei Cork in Irland geboren. Nach dem Eintritt in das Royal Flying Corps hatte er in seiner Pilotenausbildung in James McCudden einen kompetenten Ausbilder. Ab April 1917 war er bei der No. 40 Squadron eingesetzt. Er war als Pilot erfolgreich, machte sich aber auch viele Gedanken über die Jagdfliegerei und über verschiedene Taktiken. Man könnte ihn auch als britischen Boelcke bezeichnen.

Ab Februar 1918 ging Mannocks Stern aber erst richtig auf. Er konnte endlich die veraltete Nieuport abstellen und bekam das neueste britische Jagdflugzeug, eine S.E.5a, mit der er von Luftsieg zu Luftsieg eilte. Im Juli 1918 wurde er zum Kommandanten der No. 85 Squadron ernannt. Er war bei seinen Kameraden sehr beliebt und verstand sich sehr gut darauf, junge, unerfahrene Flieger auszubilden und an den Standard der Staffel heranzuführen. Warum er sich dann aber immer mehr in sich zurück zog und schwermütig wurde, konnte sich niemand erklären. Auch wurde sein Hass auf den Gegner immer größer. Er verstieg sich sogar so weit, dass er ein schon abgestürztes Flugzeug am Boden noch weiter beschoss. Sein Hass auf die deutschen Flieger steigerte sich immer mehr und war geradezu pathologisch.

Sein Ende fand Mannock auf einem Flug mit einem Staffelkameraden am 26. Juli 1918, als er in Bodennähe von deutscher Infanterie beschossen wurde. Sein Flugzeug ging in Flammen aufgig explodierte. Er gilt seitdem als verschollen.

James McCudden

James Thomas Byford McCudden war der zweite in der Top-Ten-Rangliste der britischen Fliegerasse. Er wurde am 28. März 1895 in Gillingham, als Sohn eines pensionierten Offiziers geboren. Auch seine beiden Brüder waren schon als Piloten beim Royal Flying Corps und wurden genauso Opfer des Luftkriegs, wie er selbst.

Ab 1910 war McCudden bei der Pioniertruppe, ließ sich aber 1913 zur Fliegertruppe versetzen. Ab April 1916 war er als Jagdflieger über Frankreich im Einsatz und konnte am 6. September 1916 seinen ersten Luftsieg feiern. Im Februar 1917 hatte er fünf Abschüsse und konnte sich Flieger-Ass nennen. Er war ein akribischer Arbeiter und bereitete seine Einsätze immer sehr sorgfältig vor. Besonderes Augenmerk legte er auf sein Flugzeug und die Bewaffnung, was ihm nach seiner Mechanikerausbildung nicht schwer fiel. Ab 1917 flog er mit einer S.E.5.

Sein Name fand besondere Erwähnung, weil er der Führer der Flugzeuge war, die sich einen langen Kurvenkampf mit Werner Voß lieferten. Es war jedoch sein Staffelkamerad Rhys-Davids, der die Salve abschoss, die Voß tötete.

James McCudden starb am 9. Juli 1918 an den Verletzungen, die er sich bei einem Absturz seines Flugzeugs zuzog. Das Flugzeug war wegen eines technischen Defekts, ohne Feindeinwirkung abgestürzt.

Kanada

William Avery „Billy" Bishop

Der erfolgreichste Jagdflieger in den englischen Reihen war der Kanadier Billy Bishop, der 1894 in Ontario geboren wurde und im September 1956 in den USA starb. Er erzielte 72 Luftsiege, 8 weniger als von Richthofen. Als Schüler war er ein erfolgreicher Sportler, und mit 15 Jahren baute er sein erstes Flugzeug aus Pappe und Holzbrettern. Mit 20 Jahren nahm er am Royal Military College of Canada ein Studium auf, fiel jedoch durch, da er beim „Abschreiben" ertappt wurde.

Nach Ausbruch des ersten Weltkriegs holte er sich eine Lungenentzündung und so musste das Missisauga Horse Cavalry Regiment ohne ihn nach Europa in den Krieg ziehen. Nach seiner Genesung wechselte

er in ein berittenes Infanterieregiment, bei dem er sich durch seine überdurchschnittlichen Zielfähigkeit beim Schießen auszeichnete.

Im Juni 1915 traf er schließlich in Europa ein und musste zunächst im Schützengraben kämpfen. Doch das Leben im Morast und das grauenvolle Sterben in den Gräben weckten in ihm den Wunsch nach Veränderung. So wechselte er zum Royal Flying Corps. Dort war in den Pilotenschulen aber kein Platz für ihn und er musste mit einem Beobachterplatz vorliebnehmen. Seine Luftaufnahmen waren so gut, dass er nach kurzer Zeit Ausbilder für Beobachter wurde. Im Januar 1916 wurde seine Staffel nach Frankreich verlegt und er flog als Beobachter Aufklärung, aber auch Bombereinsätze. Aus familiären Gründen musste er für kurze Zeit zurück nach Kanada. Als er zurückkehrte, war die Schlacht an der Somme schon in vollem Gange.

Dank guter Beziehungen konnte Bishop im September 1916 endlich, in England seine Ausbildung zum Piloten anzufangen. Danach tauschte er den Beobachter- mit dem Pilotensitz eines „Gitterschwanzes" mit Druckpropeller von Farman. In den folgenden Monaten konnte er schon beweisen, was in ihm steckte, denn er wurde in heftige Luftkämpfe verstrickt. Auch von Richthofen hatte ihn im Visier, aber er konnte ihm knapp entwischen. Ernst Udet nannte ihn den besten Piloten Englands.

Im Juni 1917 kehrte Bishop nach Kanada zurück. Als gefeierter Nationalheld konnte er die kriegsmüde kanadische Öffentlichkeit wieder für die Unterstützung der Truppen begeistern. Er wurde nach Washington in die USA beordert, um der amerikanischen Armee beim Aufbau einer Fliegertruppe behilflich zu sein. Erst im April 1918 kehrte er nach Frankreich zurück. Inzwischen zum Major befördert, übernahm er das Kommando der No. 85 Squadron. Seinen Luftsieg Nr. 59 feierte er am 1. Juni 1918. An diesem und dem vorhergehenden Tag hatte er insgesamt sechs Flugzeuge abgeschossen. Mit offiziell 72 Luftsiegen, die von Historikern allerdings angezweifelt werden, ist er die Nr. 1 der Rangliste der Fliegerasse der Entente.

Die kanadische Regierung zog Bishop gegen seinen Willen im Juni 1918 von der Front ab, aus Sorge, er könnte abgeschossen werden, was sehr schädlich für die Moral der Bevölkerung gewesen wäre. Er wurde befördert und sollte beim Aufbau der Canadian Airforce behilflich sein.

Nach dem Krieg machte Bishop Karriere beim Militär und wurde 1938 ehrenhalber zum Air Marshal der Royal Canadian Airforce ernannt. Er starb am 11. September 1956 in Palm Beach, Florida.

USA

Edward Vernon „Eddie" Rickenbacker

Unter den amerikanischen Jagdpiloten tat sich einer besonders hervor: Eddie Rickenbacker. Er wurde 1890 in Columbus, Ohio, als Sohn von Schweizer Auswanderern geboren, die aus der Nähe von Basel stammten. Früh musste er zum Familieneinkommen seinen Beitrag leisten und arbeitete deshalb in einer Autowerkstatt. Später wurde er dann Renn- und Testfahrer. Er hielt zeitweise sogar den Geschwindigkeitsweltrekord mit 214 Kilometern pro Stunde. Die Rennsaison 1917 wollte er in England bestreiten, doch wegen des Kriegseintritts der USA änderte er seine Pläne und trat in die Armee ein.

Dort wurde er bis Juni 1917 als Fahrer eingesetzt und beförderte Personen wie den amerikanischen Oberbefehlshaber General John Pershing. Danach ging es nach Frankreich zur Pilotenausbildung. Am 4. März 1918 wurde er offiziell dem 94. Jagdgeschwader zugeteilt. Dort flog er mit einer SPAD S.XIII und konnte bis Ende Mai fünf deutsche Flieger abschießen, durfte sich also als As bezeichnen.

Nach einer krankheitsbedingten Zwangspause, kehrte er im September zu seiner Staffel zurück und tat bis zum Kriegsende sein Bestes, um die gegnerischen Flieger zu dezimieren. Bis zum 30. Oktober gelangen ihm insgesamt 26 Abschüsse, somit war er der erfolgreichste amerikanische Jagdflieger des ersten Weltkriegs.

Nach dem Krieg probierte er sich zunächst als Autofabrikant und Rennstreckenbesitzer. Noch vor dem zweiten Weltkrieg stieg er bei einer Fluggesellschaft ein, bei der er bis in die sechziger Jahre als Geschäftsführer tätig war und im Aufsichtsrat saß. Er starb im Dezember 1974 in Zürich.

Italien

Francesco Baracca

Der herausragendste Flieger Italiens war Francesco Baracca. Er kommandierte die 91a Sqadriglia. In dieser Jagdstaffel, die mit SPAD S.XIII ausgerüstet war, waren die besten Piloten Italiens zusammengezogen. Baracca war in über 60 Luftkämpfe verwickelt und hat 34 Luftsiege errungen, bevor er am 19. Juni 1918 bei einem Tiefflug über die Front von österreichischer Infanterie beschossen wurde. Eine Gewehrkugel tötete ihn. Er wurde 30 Jahre alt.

Sein persönliches Erkennungszeichen war ein schwarzes Pferd, das auf den Hinterbeinen steht. Dieses Pferd hatte er von einem deutschen Piloten übernommen, der aus Stuttgart stammte. Anlässlich eines Autorennens begegnete Contessa Paolina Biancoli, die Mutter von Baracca, Enzo Ferrari. Die Contessa schlug Ferrari vor das schwarze Pferdchen für das Wappen seines Rennstalles zu verwenden, was dieser dann auch ab 1932 tat. Das Kuriose daran ist, dass der große Rennsport-Rivale von Ferrari – Porsche – ebenfalls das Pferd der Stadt Stuttgart im Wappen hat.

Anhang

Literaturnachweis

C. C. Bergius – **Die Straße der Piloten in Wort und Bild**
ISBN 3-426-26078-6

Kurt W. Streit – **Geschichte der Luftfahrt**
ISBN 3-89393-175-9

Ernst Udet – **Mein Fliegerleben: Die Autobiografie (1935)**
ISBN 978-80-268-1468-9

Manfred Freiherr von Richthofen – **Der rote Kampfflieger (1917)**
http://www.gutenberg.org/ebooks/24572

Fred Jane – **Jane's All the World's Aircraft 1913**
http://www.gutenberg.org/ebooks/34815

Lieut. Victor W. Pagé – **Aviation Engines. Their Design, Construction, Operation and Repair (1913)**
http://www.gutenberg.org/ebooks/38187

Flugzeug Classic Spezial – **Militärflugzeuge des Ersten Weltkriegs Teil 1: 1914 bis 1917**
ISSN 1617-0725 • 52469

Alfred Price – **Fliegende Legenden**
ISBN 3-8289-5326-3

Christa Pöppelmann – **Erfindungen für Besserwisser**
ISBN 978-3-8112-2844-3

Jim Winchester – **Kampfflugzeuge**
ISBN 978-1-4454-3522-0

Ernst Heinkel – **Stürmisches Leben**
ISBN 3-925505-46-6

Thomas Wieke – **Faszination Fliegen – Oldtimer der Lüfte**
ISBN 978-3-89836-745-5

Paolo Cau – **Die 100 größten Schlachten**
ISBN 978-3-7043-9018-9

Bildnachweis

Titelbild
© Michael Böll

Libelle
„**Libelle 9 db**". Lizenziert unter Gemeinfrei über Wikimedia Commons - http://commons.wikimedia.org/wiki/File:Libelle_9_db.jpg#/media/File:Libelle_9_db.jpg

Ikarus und Dädalus
„**Daedalus und Ikarus MK1888**".
Lizenziert unter Gemeinfrei über Wikimedia Commons - http://commons.wikimedia.org/wiki/File:Daedalus_und_Ikarus_MK1888.png#/media/File:Daedalus_und_Ikarus_MK1888.png

Leonardo
„**Leonardo Flieger**" by Diagram Lajard - Own work. Licensed under CC0 via Wikimedia Commons - http://commons.wikimedia.org/wiki/File:Leonardo_Flieger.JPG#/media/File:Leonardo_Flieger.JPG

Montgolfier
„**Montgolfier brothers flight**" von Unbekannt - Bildarchiv Preussischer Kulturbesitz, Berlin. Lizenziert unter Gemeinfrei über Wikimedia Commons - http://commons.wikimedia.org/wiki/File:Montgolfier_brothers_flight.jpg#/media/File:Montgolfier_brothers_flight.jpg

Prof. Charles
„**WasserstoffballonProfCharles-2**" von LoKiLeCh - german wikipedia, original upload 18. Mai 2005 by de:Benutzer:LoKiLeCh (made mai 2005). Lizenziert unter Gemeinfrei über Wikimedia Commons - http://commons.wikimedia.org/wiki/File:WasserstoffballonProfCharles-2.jpg#/media/File:WasserstoffballonProfCharles-2.jpg

Otto Lilienthal
„**Otto-lilienthal**". Lizenziert unter Gemeinfrei über Wikimedia Commons - http://commons.wikimedia.org/wiki/File:Otto-lilienthal.jpg#/media/File:Otto-lilienthal.jpg
„**Lilienthal Fliegekunst**" von Otto Lilienthal, Der Vogelflug als Grundlage der Fliegekunst, Berlin 1889 - Michael. Lizenziert unter Gemeinfrei über Wikimedia Commons - http://commons.wikimedia.org/wiki/File:LilienthalFliegekunst.png#/media/File:LilienthalFliegekunst.png

„**Muehlenberg Derwitz**" von Carl Kassner - reproduction of the photograph. Lizenziert unter Gemeinfrei über Wikimedia Commons - http://commons.wikimedia.org/wiki/File:MuehlenbergDerwitz.jpg#/media/File:MuehlenbergDerwitz.jpg Otto Lilienthal 1891 beim Luftsprung in der Nähe von Derwitz

„**LilienthalsTodesflug**" von Unbekannt - Unbekannt. Lizenziert unter

Gemeinfrei über Wikimedia Commons - http://commons.wikimedia.org/wiki/File:LilienthalsTodesflug.jpg#/media/File:LilienthalsTodesflug.jpg

Alberto Santos Dumont

„**Alberto Santos-Dumont (1898)**" von Unbekannt - Lizenziert unter Gemeinfrei über Wikimedia Commons - http://commons.wikimedia.org/wiki/File:Alberto_Santos-Dumont_(1898).jpg#/media/File:Alberto_Santos-Dumont_(1898).jpg

„**1903.S-D.no.9.Baladeuse**" von unbekannt - Rodebud-Archiv. Lizenziert unter PD-alt-100 über Wikipedia - http://de.wikipedia.org/wiki/Datei:1903.S-D.no.9.Baladeuse.jpg#/media/File:1903.S-D.no.9.Baladeuse.jpg

Graf Zeppelin

„**Bundesarchiv Bild 146-2006-0109, Ferdinand Graf von Zeppelin**" by Bundesarchiv, Bild 146-2006-0109 / CC-BY-SA. Licensed under CC BY-SA 3.0 de via Wikimedia Commons - http://commons.wikimedia.org/wiki/File:Bundesarchiv_Bild_146-2006-0109,_Ferdinand_Graf_von_Zeppelin.jpg#/media/File:Bundesarchiv_Bild_146-2006-0109,_Ferdinand_Graf_von_Zeppelin.jpg

„**Goodyear Blimp**" von Tmxv4128 - Eigenes Werk. Lizenziert unter Gemeinfrei über Wikimedia Commons - http://commons.wikimedia.org/wiki/File:Goodyear_Blimp.jpg#/media/File:Goodyear_Blimp.jpg

„**Zeppellin NT 3 amk**" von AngMoKio - Eigenes Werk. Lizenziert unter CC BY-SA 3.0 über Wikimedia Commons - http://commons.wikimedia.org/wiki/File:Zeppellin_NT_3_amk.JPG#/media/File:Zeppellin_NT_3_amk.JPG

LZ1 bei seiner Jungfernfahrt über dem Bodensee am 2. Juli 1900
„**First Zeppelin ascent**" by Peter Scherer - Print & Photographs (P&P) Online Catalog of the Library of Congress [1]. Licensed under Public Domain via Wikimedia Commons - http://commons.wikimedia.org/wiki/File:First_Zeppelin_ascent.jpg#/media/File:First_Zeppelin_ascent.jpg

„**Zeppelin inside floating hangar**". Lizenziert unter Gemeinfrei über Wikimedia Commons - http://commons.wikimedia.org/wiki/File:Zeppelin_inside_floating_hangar.jpg#/media/File:Zeppelin_inside_floating_hangar.jpg

Gustav Whitehead

„**Gustave Witehead portrait**" von Das Original wurde von BateryIncluded in der Wikipedia auf Englisch hochgeladen - Übertragen aus en.wikipedia nach Commons. Lizenziert unter Gemeinfrei über Wikimedia Commons - http://commons.wikimedia.org/wiki/File:Gustave_Witehead_portrait.jpg#/media/File:Gustave_Witehead_portrait.jpg

„**Plane rear w crew**" von Valerian Gribayedoff (1858–1908) - Unbekannt. Lizenziert unter Gemeinfrei über Wikimedia Commons - http://commons.wikimedia.org/wiki/File:Plane_rear_w_crew.jpg#/media/File:Plane_rear_w_crew.jpg

Gebr Wright
„**Orville Wright**". Lizenziert unter Gemeinfrei über Wikimedia Commons - http://commons.wikimedia.org/wiki/File:Orville_Wright.jpg#/media/File:Orville_Wright.jpg

„**Wilbur Wright**". Lizenziert unter Gemeinfrei über Wikimedia Commons - http://commons.wikimedia.org/wiki/File:Wilbur_Wright.jpg#/media/File:Wilbur_Wright.jpg

„**WrightBrothers1899Kite**". Lizenziert unter Gemeinfrei über Wikimedia Commons - http://commons.wikimedia.org/wiki/File:WrightBrothers1899Kite.jpg#/media/File:WrightBrothers1899Kite.jpg

„**Wrightflyer highres**" von Attributed to Wilbur Wright (1867–1912) and/or Orville Wright (1871–1948). Lizenziert unter Gemeinfrei über Wikimedia Commons - http://commons.wikimedia.org/wiki/File:Wrightflyer_highres.jpg#/media/File:Wrightflyer_highres.jpg

„**Wright anzeige1**" von Unbekannt - Deutsche Zeitschrift für Luftschifffahrt, Nr. 18, S. 24. Lizenziert unter Gemeinfrei über Wikimedia Commons - http://commons.wikimedia.org/wiki/File:Wright_anzeige1.jpg#/media/File:Wright_anzeige1.jpg

Igo Etrich
„**Alsomitra macrocarpa seed (syn. Zanonia macrocarpa)**" von Scott Zona from Miami, Florida, USA - Lizenziert unter CC BY 2.0 über Wikimedia Commons - http://commons.wikimedia.org/wiki/File:Alsomitra_macrocarpa_seed_(syn._Zanonia_macrocarpa).jpg#/media/File:Alsomitra_macrocarpa_seed_(syn._Zanonia_macrocarpa).jpg

„**RumplerTaubeDesign1911**". Lizenziert unter Gemeinfrei über Wikimedia Commons - http://commons.wikimedia.org/wiki/File:RumplerTaubeDesign1911.jpg#/media/File:RumplerTaubeDesign1911.jpg

Karl Jatho
„**Jatho-Eindecker mit darueber liegendem Hoehensteuer**" von Unbekannt - scan of an image. Lizenziert unter Gemeinfrei über Wikimedia Commons - http://commons.wikimedia.org/wiki/File:Jatho-Eindecker_mit_darueber_liegendem_Hoehensteuer.jpg#/media/File:Jatho-Eindecker_mit_darueber_liegendem_Hoehensteuer.jpg

August Euler
„**August Euler 01**" von unbekannt - http://august-euler-museum.de/ae-museum-02.html. Lizenziert unter PD-alt-100 über Wikipedia - http://de.wikipedia.org/wiki/Datei:August_Euler_01.jpg#/media/File:August_Euler_01.jpg

Hans Grade
„**Bundesarchiv Bild 183-R94559, Hans Grade in seinem Eindecker**" von Bundesarchiv, Bild 183-R94559 / CC-BY-SA. Lizenziert unter CC BY-SA

3.0 de über Wikimedia Commons - http://commons.wikimedia.org/wiki/File:Bundesarchiv_Bild_183-R94559,_Hans_Grade_in_seinem_Eindecker.jpg

Louis Blériot
„**Louis Bleriot**" von Unbekannt. Lizenziert unter Gemeinfrei über Wikimedia Commons - http://commons.wikimedia.org/wiki/File:Louis_Bleriot.jpg#/media/File:Louis_Bleriot.jpg

Blériot La Manche, © Michael Böll

Geo Chavez
„**Geo Chavez**" by Unknown - http://www3.lastampa.it/cultura/sezioni/articolo/lstp/275992/. Licensed under Public Domain via Wikimedia Commons - http://commons.wikimedia.org/wiki/File:Geo_Chavez.jpg#/media/File:Geo_Chavez.jpg

Roland Garros
„**Roland Garros 1910**" von Photographie de presse de l'agence Meurisse - Bibliothèque nationale de France. Lizenziert unter Gemeinfrei über Wikimedia Commons - http://commons.wikimedia.org/wiki/File:Roland_Garros_1910.jpg#/media/File:Roland_Garros_1910.jpg

Maxim Maschinengewehr
„**Maschinengewehr 08 1**". Lizenziert unter Gemeinfrei über Wikimedia Commons - http://commons.wikimedia.org/wiki/File:Maschinengewehr_08_1.jpg#/media/File:Maschinengewehr_08_1.jpg

Abschuss Fesselballon
„**Angriff auf feindlichen Fesselballon 1918**" von Unbekannt - Illustrierte Zeitschrift des Weltkrieges, Union Deutsche Verlagsgesellschaft, Band VIII, 1918, Seite 183. Lizenziert unter Gemeinfrei über Wikimedia Commons - http://commons.wikimedia.org/wiki/File:Angriff_auf_feindlichen_Fesselballon_1918.jpg#/media/File:Angriff_auf_feindlichen_Fesselballon_1918.jpg

Popellerabweiser
„**Morane-Saulnier-L-airscrew-with-deflector**" von Unbekannt - J. M. Bruce Morane-Saulnier Types N, I, V.. Lizenziert unter Gemeinfrei über Wikimedia Commons - http://commons.wikimedia.org/wiki/File:Morane-Saulnier-L-airscrew-with-deflector.jpg#/media/File:Morane-Saulnier-L-airscrew-with-deflector.jpg

Fokker E. II
„**Fokker EII WNr 257**". Lizenziert unter Gemeinfrei über Wikimedia Commons - http://commons.wikimedia.org/wiki/File:Fokker_EII_WNr_257.jpg#/media/File:Fokker_EII_WNr_257.jpg

Albatros D.III, © Michael Böll

Max Immelmann

"Max Immelmann" von User Sonnenwind on de.wikipedia. Lizenziert unter Gemeinfrei über Wikimedia Commons - http://commons.wikimedia.org/wiki/File:Max_Immelmann.jpg#/media/File:Max_Immelmann.jpg

Oswald Boelcke
"OswaldBoelcke" von User Hephaestos on en.wikipedia. Lizenziert unter Gemeinfrei über Wikimedia Commons - http://commons.wikimedia.org/wiki/File:OswaldBoelcke.jpeg#/media/File:OswaldBoelcke.jpeg

Manfred von Richthofen
"Manfred von Richthofen" by Nicola Perscheid - [1]. Licensed under Public Domain via Wikimedia Commons - http://commons.wikimedia.org/wiki/File:Manfred_von_Richthofen.jpeg#/media/File:Manfred_von_Richthofen.jpeg

"Bundesarchiv Bild 183-2004-0430-501, Jagdstaffel 11, Manfred v. Richthofen" by Bundesarchiv, Bild 183-2004-0430-501 / CC-BY-SA. Licensed under CC BY-SA 3.0 de via Wikimedia Commons - http://commons.wikimedia.org/wiki/File:Bundesarchiv_Bild_183-2004-0430-501,_Jagdstaffel_11,_Manfred_v._Richthofen.jpg#/media/File:Bundesarchiv_Bild_183-2004-0430-501,_Jagdstaffel_11,_Manfred_v._Richthofen.jpg

Die rote Albatros D.V Richthofens als Kommodore JG 1 **"Albatros Manfred von Richthofen neu"** by B. Huber - Own work. Licensed under CC BY-SA 3.0 via Wikimedia Commons - http://commons.wikimedia.org/wiki/File:Albatros_Manfred_von_Richthofen_neu.jpg#/media/File:Albatros_Manfred_von_Richthofen_neu.jpg

For documentary purposes the German Federal Archive often retained the original image captions, which may be erroneous, biased, obsolete or politically extreme.
Jagdstaffel 11, Manfred v. Richthofen **"Die berühmte Jagdstaffel 11 mit Manfred v. Richthofen am Steuer seines Roten Flugzeuges"**. (siehe http://cas.awm.gov.au/item/H12364)

"Fokkerdri". Licensed under CC BY-SA 3.0 via Wikimedia Commons - http://commons.wikimedia.org/wiki/File:Fokkerdri.jpg#/media/File:Fokkerdri.jpg

"MvRichthofenWreckage (2)" by Unknown Australian Official Photographer - This image is available from the Collection Database of the Australian War Memorial under the ID Number: E02044This tag does not indicate the copyright status of the attached work. A normal copyright tag is still required. Licensed under Public Domain via Wikimedia Commons - http://commons.wikimedia.org/wiki/File:MvRichthofenWreckage_(2).jpg#/media/File:MvRichthofenWreckage_(2).jpg

Werner Voß
"Werner Voss" von Frommer 97 - https://hu.wikipedia.org/wiki/F%C3%A1jl:Werner_Voss.jpg. Lizenziert unter Gemeinfrei über

Wikimedia Commons - http://commons.wikimedia.org/wiki/File:Werner_Voss.jpg#/media/File:Werner_Voss.jpg

„**VossTriplane**" von en:User:Imansola - http://en.wikipedia.org/wiki/Image:VossTriplane.jpg. Lizenziert unter Gemeinfrei über Wikimedia Commons - http://commons.wikimedia.org/wiki/File:VossTriplane.jpg#/media/File:VossTriplane.jpg

Ernst Udet

„**ErnstUdet-coloured-photo**" by Original uploader was JohnBarrie at en.wikipedia - Transferred from en.wikipedia; transferred to Commons by User:Liftarn using CommonsHelper.. Licensed under CC BY 2.5 via Wikimedia Commons - http://commons.wikimedia.org/wiki/File:ErnstUdet-coloured-photo.jpg#/media/File:ErnstUdet-coloured-photo.jpg

„**Albatros DVa Udet**" von B. Huber - Eigenes Werk. Lizenziert unter CC BY-SA 3.0 über Wikimedia Commons - http://commons.wikimedia.org/wiki/File:Albatros_DVa_Udet.jpg#/media/File:Albatros_DVa_Udet.jpg

Charles Nungesser

„**Charles Nungesser**" by http://www.tao-yin.com/baron-rouge/img/photos/nungesser.jpg Originally from en.wikipedia; description page is/was here.. Licensed under Public Domain via Wikimedia Commons - http://commons.wikimedia.org/wiki/File:Charles_Nungesser.jpg#/media/File:Charles_Nungesser.jpg

„**Ni-17 Nungesser**" by Imansola at English Wikipedia - Transferred from en.wikipedia to Commons.. Licensed under Public Domain via Wikimedia Commons - http://commons.wikimedia.org/wiki/File:Ni-17_Nungesser.jpg#/media/File:Ni-17_Nungesser.jpg

Georges Guynemer

„**Georges guynemer par lucien**" by Jebulon. Painting signed by „Lucien – Paris", (unknown) - Own work. Licensed under Public Domain via Wikimedia Commons - http://commons.wikimedia.org/wiki/File:Georges_guynemer_par_lucien.jpg#/media/File:Georges_guynemer_par_lucien.jpg

„**SPAD VII Guynemer Le Bourget 01**" by PpPachy - Own work. Licensed under CC BY 3.0 via Wikimedia Commons - http://commons.wikimedia.org/wiki/File:SPAD_VII_Guynemer_Le_Bourget_01.JPG#/media/File:SPAD_VII_Guynemer_Le_Bourget_01.JPG

René Fonck

„**Renefonck**". Licensed under PD-US via Wikipedia - http://en.wikipedia.org/wiki/File:Renefonck.jpg#/media/File:Renefonck.jpg

Edward Mannock

„**EdwardMannock2**". Licensed under Public Domain via Wikimedia Commons - http://commons.wikimedia.org/wiki/File:EdwardMannock2.jpg#/media/File:EdwardMannock2.jpg

James McCudden
„**McCuddenportrait**" by British Government - Cole's biography of subject (1967). Licensed under Public Domain via Wikimedia Commons - http://commons.wikimedia.org/wiki/File:McCuddenportrait.jpg#/media/File:McCuddenportrait.jpg

„**McCudden fitted the fourblade propeller of his SE 5a 8491 G**" by British Government - Cole's biography of subject (1967). Licensed under Public Domain via Wikimedia Commons - http://commons.wikimedia.org/wiki/File:McCudden_fitted_the_fourblade_propeller_of_his_SE_5a_8491_G.jpg#/media/File:McCudden_fitted_the_fourblade_propeller_of_his_SE_5a_8491_G.jpg

Billy Bishop
„**Billy Bishop VC**" by unknown, this from Imperial War Museum - www.iwm.org.uk/collections/item/object/205022094This is photograph Q 68089 from the collections of the Imperial War Museums.. Licensed under Public Domain via Wikimedia Commons - http://commons.wikimedia.org/wiki/File:Billy_Bishop_VC.jpg#/media/File:Billy_Bishop_VC.jpg

„**Lieutenant-Colonel Bishop**" von Unbekannt / *Post-Work: User:W.wolny - http://www.iwmcollections.org.uk/. Lizenziert unter Gemeinfrei über Wikimedia Commons - http://commons.wikimedia.org/wiki/File:Lieutenant-Colonel_Bishop.jpg#/media/File:Lieutenant-Colonel_Bishop.jpg

Eddie Rickenbacker
„**Eddie Rickenbacker**" von This media is available in the holdings of the National Archives and Records Administration, cataloged under the ARC Identifier (National Archives Identifier) 530773. Lizenziert unter Gemeinfrei über Wikimedia Commons - http://commons.wikimedia.org/wiki/File:Eddie_Rickenbacker.gif#/media/File:Eddie_Rickenbacker.gif

„**Eddie-rickenbacker**" von Underwood and Underwood - This media is available in the holdings of the National Archives and Records Administration, cataloged under the ARC Identifier (National Archives Identifier) 533720.. Lizenziert unter Gemeinfrei über Wikimedia Commons - http://commons.wikimedia.org/wiki/File:Eddie-rickenbacker.jpg#/media/File:Eddie-rickenbacker.jpg

Francesco Baracca
„**FBaracca 1**" by http://www.finn.it/regia/immagini/prima/francesco_baracca_spadvii.jpg. Licensed under Public Domain via Wikimedia Commons - http://commons.wikimedia.org/wiki/File:FBaracca_1.jpg#/media/File:FBaracca_1.jpg

www.ingramcontent.com/pod-product-compliance
Lightning Source LLC
Chambersburg PA
CBHW071548240526
45470CB00023B/1639